西南沙岛礁
关键造护礁功能生物

龙丽娟 殷建平 林 强等 著

科学出版社
北京

内 容 简 介

南海是我国最大的边缘海，具有丰富的生物和矿产资源，是国际航运要道。西南沙群岛上星罗棋布的岛礁是维护南海主权和开发南海资源的重要支点，可为我国维护南海主权、保障航道安全和开发南海资源等提供重要支撑。

在中国科学院 A 类战略性先导专项的支持下，基于对西南沙群岛珊瑚礁生态系统的系统性现场调查，本书对关键造、护礁生物进行了梳理和汇总，涵盖了珊瑚、鱼类、大型藻类、海草、软体类、甲壳类、棘皮类等主要生物类群，包括 36 个目、208 个种，分别对各物种形态特征、生态功能及其在岛礁生态修复工程中的应用价值和潜力进行了描述与评价，相关物种的 DNA 条形码信息全部上传至 GenBank 数据库，方便读者下载使用。

本书可为从事海洋生物学、海洋生态学、恢复生态学等研究的科技人员，生物多样性研究与管理者，以及高等院校有关海洋专业的师生等提供参考。

图书在版编目（CIP）数据

西南沙岛礁关键造护礁功能生物 / 龙丽娟等著. —北京：科学出版社，2019.10
　　ISBN 978-7-03-062117-7

　　Ⅰ. ①西… Ⅱ. ①龙… Ⅲ. ①南海诸岛 - 珊瑚礁 - 海洋生物学 - 名录 Ⅳ. ① P737.2-62

中国版本图书馆 CIP 数据核字（2019）第 179121 号

责任编辑：朱　瑾 / 责任校对：郑金红
责任印制：肖　兴 / 封面设计：无极书装

科 学 出 版 社 出版
北京东黄城根北街 16 号
邮政编码：100717
http://www.sciencep.com

北京汇瑞嘉合文化发展有限公司 印刷
科学出版社发行　各地新华书店经销

*

2019 年 10 月第 一 版　开本：787×1092　1/16
2019 年 10 月第一次印刷　印张：16 3/4
字数：397 000
定价：298.00 元
（如有印装质量问题，我社负责调换）

《西南沙岛礁关键造护礁功能生物》
著者名单

（按姓氏汉语拼音排序）

黄佳欣　李春燕　林　强　刘帅帅　刘雅莉

刘羽鸿　龙丽娟　马少博　秦　耿　谭舒雯

王　信　杨芳芳　杨红强　殷建平　张　博

张辉贤　张景平　张荣荣　张艳红　赵美霞

全球海洋是一个巨大、繁密的生态系统，海洋中不同生物群落与其生活环境相互联系、相互作用构成一个大的生态系，其中包含许多不同类型和等级的生态系统，诸如河口生态系统、海湾生态系统、盐沼生态系统、红树林生态系统、海草床生态系统、珊瑚礁生态系统、上升流生态系统、海底热液及冷泉生态系统等，这些都是各具特色的典型海洋次级生态系统。其中的珊瑚礁生态系统是热带海洋最突出、最具有代表性的生态系统，其物种丰富、形态多样、生命活动旺盛。

珊瑚礁生态系统具有极其重要的生态、经济、国土和文化价值，同时，珊瑚礁也是一个敏感脆弱的生态系统，易受到自然环境和人为干扰的影响，尤其是人类高强度扰动造成的生态环境破坏、污染排放增加等导致珊瑚礁生态系统严重破坏，甚至难以恢复。在全球变化和人类活动的双重压力影响下，多彩的珊瑚礁生态系统正面临着急剧退化的威胁。

我国是世界重要珊瑚礁分布国家之一，珊瑚礁主要分布在南海沿岸台湾、福建、广东、香港、广西、海南等地，包括东沙群岛、中沙群岛、西沙群岛和南沙群岛等。珊瑚礁生态系统保护与修复是"加快建设海洋强国"、构建海洋生态文明建设的核心内容之一。对珊瑚礁生态系统的结构与功能的认知，是开展珊瑚礁生态系统保护与修复的基础性工作，该书著者基于现场调查和研究分析的结果，按珊瑚、鱼类、大型藻类、海草、软体类、甲壳类、棘皮类等将西南沙岛礁关键造、护礁生物进行清晰地梳理与呈现，并对其形态特征、生态功能和在岛礁生态修复工程中的应用价值与潜力进行了分析，文字精炼、数据可靠、图文并茂、简明实用，该书的出版可为岛礁生态修复工程与可持续利用技术的研发提供有益参考，为珊瑚礁生态系统的保护与研究发挥积极作用。

中国科学院院士 张宇举

2019 年 8 月 26 日

海洋占地球表面的 71%，总面积约 3.6 亿平方千米，是地球上最大的"宝库"，她是孕育生命的摇篮，更是人类赖以生存与发展的巨大空间。海洋浩瀚壮观、变幻多端、自由傲放、奥秘无穷，有待人类深入探索、认知与开发利用。

随着人类社会的发展，科学技术日新月异，人类对海洋的认知不断深化，对海洋的开发不断扩展，对海洋的影响也在不断加深，一方面给人类社会带来了巨大的福利，另一方面也不可避免地对海洋生态系统产生了严重的干扰，这些影响在近岸、河口、海湾和岛礁等海洋生态系统中表现尤为突出。因此，加强海洋生态保护和修复已成为建设海洋生态文明和海洋命运共同体的核心内容。

珊瑚礁生态系统被誉为海洋中的"热带雨林"，其物种丰富、生态多样性极高，其中珊瑚、砗磲、钙化藻等造礁生物类群的长期生长、沉积、黏结和固化，更是塑造了碧海蓝天下的一个个极其宝贵的珊瑚岛礁。在我国美丽的西南沙群岛的岛礁海域里，各种各样的珊瑚犹如绽放的花朵，与海藻、贝壳、海龟、玳瑁、海螺、海参和成群结队的彩色鱼儿等一起把海水渲染得五彩斑斓、瑰丽无比。但在全球变化和人类活动的双重影响下，多彩的珊瑚礁生态系统正面临着急剧退化的严重威胁，珊瑚礁生态系统的保护与修复已成为海洋科学的研究热点。

近年来，随着恢复生态学的发展与提升，生态修复已经从注重单一物种、单一功能的恢复向系统性、整体性的结构与生态服务功能恢复的方向发展，因此，加强对珊瑚礁生态系统结构和功能的全面认知，确定生态系统群落组成的关键生物类群，阐明关键生物在造、护礁与生态系统维持中的角色和功能，是开展退化或受损岛礁生态系统修复、维持生态系统可持续发展的前提。该书著者基于全面、系统的现场调查，对西南沙群岛海域珊瑚礁生态系统的关键造、护礁生物类群进行了梳理和汇总，并对其形态特征、生态功能和在岛礁生态修复工程中的应用价值与潜力进行了评述，该书的出版可为针对性的珊瑚礁生态修复模式设计与工程示范应用提供科学的指导，推动生态修复技术体系和恢复生态学的发展。

中国工程院院士

2019 年 8 月 27 日

　　南海是西太平洋最大的边缘海，平均水深 1212m，最大水深 5559m。我国 300 万 km² 海洋国土中，有 210 万 km² 是在南海。南海及其岛屿北邻北回归线，南接赤道，属赤道带、热带海洋性季风气候。南海具有丰富的海洋油气、矿产资源，热带、亚热带生物资源，海洋能资源，旅游资源，海岛资源，航道与港口资源等，是我国重要的热带海岛和珊瑚礁、红树林、海草床等典型热带生态系统的分布区。

　　南海海域中有 280 多个岛、洲、礁、滩、沙，其中东沙群岛、中沙群岛、西沙群岛和南沙群岛是我国固有领土。南海岛礁是由珊瑚、砗磲、钙化藻等造礁生物在生长过程中不断分泌碳酸钙物质，以及钙质有机碎屑在风浪流作用下，历经数百年乃至数千年沉积、黏结、固化演变而成的珊瑚灰沙岛。健康的珊瑚礁生态系统具有造礁、护礁、固礁的重要生态功能，对于降低台风破坏、减轻浪潮流侵蚀、补充流失的沙石、稳固岛礁结构、防止国土流失具有重要意义，是珊瑚岛礁的"生命灵魂"和"保护神"。

　　珊瑚礁生态系统具有极其重要的生态、经济、国土和文化价值，作为热带海洋最突出、最具有代表性的生态系统，长期以来备受海洋科学家关注。珊瑚礁生态系统是由珊瑚、大型藻类、软体类、甲壳类、鱼类、棘皮类等构成的一个生物多样性极高的顶级生物群落，分布于营养匮乏的热带海洋，却拥有惊人的生物多样性和极高的初级生产力，为海洋生物提供繁育、栖息、育幼、庇护场所，维持海洋生态平衡、促进海洋物质能量循环等，被称为"海洋中的热带雨林"。珊瑚礁还蕴藏着丰富的油气、矿产、渔业、药物、旅游等资源，全球约有 10 亿人直接依赖于珊瑚礁生态系统生活。但是，珊瑚礁也是一个敏感脆弱的生态系统，易受到自然环境和人为干扰的影响。由于全球气候变化，城镇化进程和人口激增带来的环境污染、病敌害侵害、破坏性渔业捕捞、围海造地、涉海大型工程等高强度人类扰动加剧，全球珊瑚礁生态系统正面临着前所未有的破坏和威胁，20 世纪 80 年代以来，全球珊瑚礁已损失 20%，另有 50% 受到不同程度的威胁；预计到 2030 年，全球近 90% 的珊瑚礁将会消失。目前，修复和培育健康的珊瑚礁生态系统已经成为国内外珊瑚礁生态保护和资源可持续利用研究领域的热点。

　　珊瑚礁生态系统中的生物按照其生态功能可划分为造礁生物、护礁生物、其他礁栖生物等不同类型，其中造、护礁生物是维持生态系统结构与功能稳定的关键框架生物，对维持生物多样性和促进高水平的生物生产量及其他生态功能的发挥具有重要作用。因此，加强对珊瑚礁生态系统结构和功能的全面认知，确定生态系统的关键生物类群，阐明关键生物在造、护礁和生态系统维持中的角色与功能，是指导开展针对性生态修复技术研发和工程应用示范的前提。

在中国科学院 A 类战略性先导科技专项"南海环境变化"等重大项目的支持下，中国科学院南海海洋研究所组织科研力量对西南沙群岛的 50 余个岛礁开展了系统性的生态调查。在参考研究所自 20 世纪 60 年代以来累积的大量历史数据的基础上，基于现场获取的丰富的影像数据和生物样品，本书对西南沙群岛海域的珊瑚礁生态系统的关键造、护礁生物类群进行了梳理和汇总，并对其形态特征、生态功能和在岛礁生态修复工程中的应用价值与潜力进行了描述和评价。区别于常见的物种名录、物种图谱和物种鉴定类书籍，本书具有以下显著特点：①以为岛礁生态修复工程和岛礁可持续开发提供理论支持为核心目的，主要对在造、护礁过程中发挥关键作用的生物类群进行了甄选和总结，对关键生物的生活习性和生态功能进行了描述，有助于更全面地认识岛礁生态系统的结构和功能，为岛礁生态修复技术的完善升级和对岛礁生态修复工程的效果评价提供重要依据；②著者依托自 2013 年至今在西南沙群岛海域的 30 多个调查航次，通过现场调查、生理实验、分子生物学和生物信息学分析等多种技术方法，对造、护礁生物的生态功能和工程应用价值进行了深入的研究，数据资料丰富、翔实。

本书总计约 39 万字，200 余张图片，涵盖了珊瑚、鱼类、大型藻类、海草、软体类、甲壳类、棘皮类等常见生物类群，包括 36 个目、208 个种。所有物种的 DNA 条形码信息全部上传至 GenBank 数据库，方便读者下载使用。

本书是由中国科学院南海海洋研究所相关科研人员联合撰写而成。总体框架设计、内容简介、前言和整体内容把关与校订由龙丽娟、殷建平和林强负责；造礁珊瑚部分由张博、杨红强、赵美霞负责撰写；珊瑚礁鱼类部分由王信、秦耿、黄佳欣、张艳红、张荣荣负责撰写；珊瑚礁藻类部分由杨芳芳、刘羽鸿负责撰写；礁栖生物中的软体动物门部分由李春燕、谭舒雯、刘帅帅负责撰写，节肢动物门部分由秦耿、马少博负责撰写，棘皮动物门部分由张辉贤、秦耿、刘雅莉负责撰写。本书所用标本和图片均由中国科学院 A 类战略性先导科技专项"南海环境变化"所属任务提供，对于出海调查及样品采集人员，因篇幅所限，难以一一列出，谨在此一并致谢。

本书的资料收集、编撰和出版得到了中国科学院 A 类战略性先导科技专项（XDA13020103、XDA13020401）的资助。

由于标本采集及资料尚有不足，以及著者水平所限，本书不足之处，敬请同行和读者批评指正。

2019 年 7 月于广州

CONTENTS **目 录**

一　造礁珊瑚

珊瑚隶属于刺胞动物门（Cnidaria）珊瑚虫纲（Anthozoa）。珊瑚虫纲是刺胞动物门中最大的一个纲，有 7000 多种，其中现存 2000 多种，均为海产。广泛分布于太平洋、印度洋和大西洋的热带及亚热带海域。珊瑚虫纲又分为八放珊瑚亚纲（Octocorallia）和六放珊瑚亚纲（Hexacorallia），主要包括软珊瑚、柳珊瑚、红珊瑚、石珊瑚、角珊瑚、水螅珊瑚、苍珊瑚和笙珊瑚 8 大类。其中，石珊瑚是最主要的造礁珊瑚，现存 1200 多种，我国目前记录的石珊瑚有 174 种。石珊瑚和角珊瑚均属六放珊瑚亚纲，其余 6 大类均属八放珊瑚亚纲。

根据是否有造礁功能可以将珊瑚分为两大类：一类是有虫黄藻共生的造礁珊瑚（hermatypic coral），生活在阳光充足的浅海水域；另一类是无藻类共生的非造礁珊瑚（ahermatypic coral），它们大部分生活在较深的海域。

珊瑚是珊瑚虫分泌出的外壳，珊瑚的化学成分主要为碳酸钙（$CaCO_3$），以微晶方解石集合体的形式存在，成分中含有一定数量的有机质，形态多呈树枝状，每个单体珊瑚横断面有同心圆状和放射状条纹，颜色常呈白色。珊瑚虫的身体由 2 个胚层组成：位于外面的细胞层称为外胚层，位于里面的细胞层称为内胚层。食物从口进入，残渣也从口排出，它们的身体无头与躯干之分，没有神经中枢，只有弥散神经系统，在受到外界刺激时，整个动物体都有反应。其生活方式为自由漂浮或固着在底层。

珊瑚资源目前正在经历着全球范围的急剧衰退，珊瑚礁的覆盖度和完整性在近数十年间出现了很大损失。大范围的全球气候变化及区域性的人类活动是导致珊瑚资源衰退的主要原因。此外，海水水族贸易也被认为是珊瑚资源的主要威胁之一，为了更好地保护珊瑚资源，目前已经有很多国家禁止或限制了硬珊瑚的采集和出口。所有的硬珊瑚都被列入了《濒危野生动植物物种国际贸易公约》（CITES）的附录Ⅱ中。

　　造礁珊瑚是珊瑚礁生态系统的框架生物，其形态多样的骨骼构建的礁体结构为许多海洋生物提供了产卵、栖息和躲避敌害的场所。全世界珊瑚礁的面积仅占海洋总面积的1/400，但却有1/4的海洋生物生活在珊瑚礁海域。因此，珊瑚礁生态系统是地球上生产力和生物多样性最高的海洋生态系统之一，有"海洋中的热带雨林"的美誉。珊瑚礁生态系统在维持和促进全球碳循环、维护生物多样性、维持渔业资源等方面具有重要的作用。此外，珊瑚岸礁还能够保护脆弱的海岸线，使其免于被海浪侵蚀。

刺胞动物门 Cnidaria

六放珊瑚亚纲 Hexacorallia

石珊瑚目 Scleractinia

粗野鹿角珊瑚
Acropora humilis

鹿角珊瑚科 Acroporidae
鹿角珊瑚属 *Acropora*

【形态特征】粗野鹿角珊瑚又称指珊瑚，是一种成簇的呈指状分布的群体动物，长达200-500mm，直径为5-20mm。珊瑚体为大型个体，珊瑚骨骼呈灌木状，分枝渐细或稍圆柱状，从基座上产生，且有大而明显的轴向珊瑚岩和短而增厚的管状径向珊瑚岩，轴向外径3-7mm。触手及隔膜数为6或6的倍数，呈伞状花序状；隔膜成对发生，肌肉多相对而生；口道沟2个。珊瑚骨骼具备多种颜色，但最常见的为奶油色、棕色、紫色或蓝色，枝梢呈蓝色或乳白色。

【繁殖】unknown（未知）

【生态生境】多生于热带浅层暗礁坪和水深约12m的斜坡上。

【地理分布】印度洋北部及西南部，太平洋中部及西部。亚丁湾，红海，约翰斯顿环礁，夏威夷群岛西北部，马里亚纳群岛，帕劳群岛，皮特凯恩群岛，东南亚海域。日本，澳大利亚海域。我国东海，南海珊瑚礁海域。

【GenBank】EF363316

【保护等级】near threatened（近危）

【生态与应用价值】粗野鹿角珊瑚是常见的造礁珊瑚之一，具有重要的造礁功能。同时，其与虫黄藻组成的共生体是珊瑚礁生态系统重要的一类初级生产者。粗野鹿角珊瑚人工养殖难度低，繁育技术基本成熟，可作为人工修复岛礁的工程物种。

强壮鹿角珊瑚
Acropora valida

鹿角珊瑚科 Acroporidae
鹿角珊瑚属 *Acropora*

【形态特征】强壮鹿角珊瑚具有多种形态结构，多为扁平瓶刷状分枝结构，水平生长，部分直径可大于 0.5m。该珊瑚具有小的轴向珊瑚石，其径向珊瑚石紧密贴合，且大小各异。轴珊瑚体细长，突出 2-3mm，直径为 0.75-1mm，杯孔为 0.6-0.72mm，第 I 轮有 6 个狭隔片，无第 II 轮隔片。该珊瑚具备多种颜色，多呈棕色、奶油色或黄色，枝尖有时为紫色。

【繁殖】unknown（未知）

【生态生境】生活于热带浅礁中的各种礁石栖息地，深度为 1-15m。

【地理分布】印度洋，太平洋西部及中部。亚丁湾，红海，波斯湾，约翰斯顿环礁，夏威夷群岛西北部，东南亚海域，远东地区。日本，澳大利亚海域。我国东海，南海珊瑚礁海域。

【GenBank】KX664156

【保护等级】least concern（无危）

【生态与应用价值】该珊瑚养殖难度低，适合用色温高的卤化金属灯泡强光照明，中度水流，水温为 23-26℃。在高温条件下，共生体虫黄藻密度会持续下降，达到一定程度后，珊瑚软体的宿主细胞与珊瑚骨骼分离，直接引起珊瑚白化，继而引起珊瑚死亡。强壮鹿角珊瑚是常见的造礁珊瑚之一，具有重要的造礁功能。同时，其与虫黄藻组成的共生体是珊瑚礁生态系统重要的一类初级生产者。强壮鹿角珊瑚人工养殖难度低，繁育技术基本成熟，可作为人工修复岛礁的工程物种。

细枝鹿角珊瑚
Acropora nana

鹿角珊瑚科 Acroporidae
鹿角珊瑚属 *Acropora*

【形态特征】细枝鹿角珊瑚群体的形态会因环境的改变而发生变化。生长在水流缓慢海域的群体的分枝细且排列疏松，而生长在海流强劲海域的群体分枝短且排列密集。该珊瑚由众多细枝组成，直径超过15cm，每个细小的分枝直径为0.3-1.4cm，长度为6cm左右。整个珊瑚体多为浅紫色或蓝色。

【繁殖】unknown（未知）

【生态生境】生活在热带浅海，水深不超过10m。和其他珊瑚一样，该珊瑚与虫黄藻是共生关系，通过光合作用补充自身70%的营养，在夜间，珊瑚虫会捕食浮游生物。

【地理分布】印度洋东南部。澳大利亚海域。我国南海海域珊瑚岛礁也有分布。

【GenBank】KX664144

【保护等级】near threatened（近危）

【生态与应用价值】细枝鹿角珊瑚是常见的一类造礁珊瑚，具有重要的造礁功能。同时，其与虫黄藻组成的共生体是珊瑚礁生态系统重要的一类初级生产者。细枝鹿角珊瑚人工养殖难度低，容易通过断枝繁殖技术实现规模化无性繁殖，可作为人工修复岛礁的工程物种。

指状鹿角珊瑚
Acropora digitifera

鹿角珊瑚科 Acroporidae
鹿角珊瑚属 *Acropora*

【形态特征】指状鹿角珊瑚是水螅型的单体或群体动物，珊瑚骨骼为直立或匍匐缠结，分枝可长达 1m，细弱。外触手芽形成块状或分枝状，珊瑚体为大型个体，群体长达20-50cm，直径 0.5-2.0cm。珊瑚骨骼呈灌木状，分枝距离大，通常有 1 个指头状尖端，无轴柱或轴柱小。触手及隔膜数为 6 或 6 的倍数，隔膜成对发生，口道沟 2 个，具钙质杯状外骨骼。该珊瑚呈红褐色、白色或蓝色。

【繁殖】unknown（未知）
【生态生境】该珊瑚通常生活在水深为 1-12m 的浅水热带礁。
【地理分布】印度洋西南部及北部，西太平洋。红海，东南亚海域。日本，澳大利亚海域。我国东海，南海。
【GenBank】KR401098
【保护等级】near threatened（近危）
【生态与应用价值】指状鹿角珊瑚是常见的一类造礁珊瑚，具有重要的造礁功能。同时，其与虫黄藻组成的共生体是珊瑚礁生态系统重要的一类初级生产者。指状鹿角珊瑚人工养殖难度低，容易通过断枝繁殖技术实现规模化无性繁殖，可作为人工修复岛礁的工程物种。

多孔鹿角珊瑚
Acropora millepora

鹿角珊瑚科 Acroporidae
鹿角珊瑚属 *Acropora*

【形态特征】多孔鹿角珊瑚是珊瑚骨骼为伞房花序式的群体，分枝细长，群体四周的分枝稍长于中心的分枝，皮壳位于死珊瑚石上。轴珊瑚体呈圆柱形，直径为 2mm，突出 1.5-2mm，第Ⅰ轮 6 个狭隔片，第Ⅱ轮隔片发育不全，珊瑚杯壁为沟槽状。生活时为淡黄色、灰黄色或黄绿色。

【繁殖】unknown（未知）

【生态生境】该物种生长于水深 2-12m 的浅水水域。

【地理分布】印度洋—太平洋。东非沿岸向东到库克群岛海域。我国北部湾涠洲岛，海南岛，西沙群岛，南沙群岛珊瑚礁海域。

【GenBank】JQ897946

【保护等级】near threatened（近危）

【生态与应用价值】多孔鹿角珊瑚是常见的一类造礁珊瑚，具有重要的造礁功能。同时，其与虫黄藻组成的共生体是珊瑚礁生态系统重要的一类初级生产者。多孔鹿角珊瑚为雌雄同体产卵型珊瑚，人工养殖难度较高，适合在人工修复岛礁后期投入养殖。

美丽鹿角珊瑚
Acropora formosa

鹿角珊瑚科 Acroporidae
鹿角珊瑚属 *Acropora*

【形态特征】美丽鹿角珊瑚的珊瑚骨骼为灌木状，分枝距离大，长且粗。顶端小枝细长且渐尖。轴珊瑚体为圆柱形，第Ⅰ轮6个隔片发育良好，第Ⅱ轮数量不等或发育不全。珊瑚杯壁为沟槽状，从分枝顶端到基部珊瑚体由沟槽状到沟槽刺状和刺网状。生活时为褐黄色。

【繁殖】unknown（未知）

【生态生境】该珊瑚分布于水深为 5-30m 的热带浅海礁、礁坡和潟湖中。

【地理分布】苏禄海，安汶岛，苏门答腊岛，帕劳群岛，斐济群岛，托雷斯海峡，新爱尔兰岛，大堡礁，萨摩亚群岛，比基尼环礁，埃尼威托克环礁。斯里兰卡，新加坡，菲律宾，日本海域。我国海南岛，西沙群岛，中沙群岛，南沙群岛浅水珊瑚礁海域。

【GenBank】JQ920462

【保护等级】near threatened（近危）

【生态与应用价值】美丽鹿角珊瑚是常见的一类造礁珊瑚，具有重要的造礁功能。同时，其与虫黄藻组成的共生体是珊瑚礁生态系统重要的一类初级生产者。美丽鹿角珊瑚对环境温度的敏感度较高，其人工养殖难度较高，适合在人工修复岛礁后期投入养殖。该珊瑚错综复杂的枝体给珊瑚礁的小型鱼类提供了优质的生活场所，丰富了珊瑚礁鱼类的物种多样性。

横错蔷薇珊瑚
Montipora gaimardi

鹿角珊瑚科 Acroporidae
蔷薇珊瑚属 *Montipora*

【形态特征】横错蔷薇珊瑚的珊瑚骨骼多为分枝状，分枝呈长圆柱形，彼此纵横交错，顶端渐尖或扁平，分枝上下粗细不匀，直径为6-10mm，皮壳位于死分枝珊瑚骨骼上。珊瑚杯小，直径约为0.5mm，第Ⅰ轮隔片由短刺状逐渐变成狭板状，第Ⅱ轮隔片发育不全。共骨为浅窝型网状结构。生活时为紫色、褐紫色、褐黄色或淡可可色。

【繁殖】unknown（未知）

【生态生境】unknown（未知）

【地理分布】印度洋西部，太平洋南部。红海，所罗门群岛。我国南海。

【保护等级】vulnerable（易危）

【生态与应用价值】横错蔷薇珊瑚是常见的一类造礁珊瑚，具有重要的造礁功能。同时，该珊瑚与虫黄藻组成的共生体是珊瑚礁生态系统重要的一类初级生产者。

翘齿蜂巢珊瑚
Favia matthaii

蜂巢珊瑚科 Faviidae
蜂巢珊瑚属 *Favia*

【形态特征】翘齿蜂巢珊瑚的珊瑚骨骼呈半圆球形或弧形块状。珊瑚杯为圆形或椭圆形，突起。圆形珊瑚杯直径为 8-11mm，椭圆形珊瑚杯的长径可达 16mm，杯深为 4-7mm，杯间距离为 2-5mm，隔片有 30-40 个，其中 18-22 个与轴柱相连，隔片两侧有颗粒，边缘有 4-6 个向上翘的长齿，齿尖端有星球状刺花。珊瑚杯上缘的隔片鼓起变厚，高出杯口 1.0-1.5mm。珊瑚肋突出边缘有耙形齿。轴柱由小梁组成，为稀疏海绵状。生活时为褐色，口道为绿色。

【繁殖】unknown（未知）

【生态生境】常见于各种珊瑚礁环境中，生活在温暖、清澈、低营养盐和正常盐度的海水中。

【地理分布】印度洋—太平洋珊瑚礁海域。塞舌尔群岛，阿尔达布拉群岛，新喀里多尼亚。马达加斯加，印度尼西亚，澳大利亚海域。我国北部湾涠洲岛，海南岛，西沙群岛珊瑚礁海域。

【GenBank】HE654564

【保护等级】near threatened（近危）

【生态与应用价值】翘齿蜂巢珊瑚是常见的一类造礁珊瑚，具有重要的造礁功能。同时，其与虫黄藻组成的共生体是珊瑚礁生态系统重要的一类初级生产者。翘齿蜂巢珊瑚人工养殖难度较高，对环境温度的敏感度较高，适合在人工修复岛礁后期投入养殖。

圈纹蜂巢珊瑚
Favia pallida

蜂巢珊瑚科 Faviidae
蜂巢珊瑚属 *Favia*

【形态特征】圈纹蜂巢珊瑚个体多呈团块状或球形，珊瑚杯圆形或椭圆形突起。体壁比较薄，个体之间由壁孔或角孔相通，壁孔 1-4 列，床板构造发育，但隔壁构造却不甚发育或只发育了很短的隔壁刺。

【繁殖】unknown（未知）

【生态生境】常见于各种珊瑚礁环境中。只能生活在温暖、清澈、低营养盐和正常盐度的海水中。单个圈纹蜂巢珊瑚的大小约为 1.5mm，以群落形式出现。

【地理分布】印度洋—太平洋珊瑚礁海域。我国南沙群岛珊瑚礁海域。

【GenBank】AB117266

【保护等级】least concern（无危）

【生态与应用价值】圈纹蜂巢珊瑚是常见的一类造礁珊瑚，具有重要的造礁功能。同时，其与虫黄藻组成的共生体是珊瑚礁生态系统重要的一类初级生产者。圈纹蜂巢珊瑚人工养殖难度较高，对环境温度的敏感度较高，适合在人工修复岛礁后期投入养殖。

秘密角蜂巢珊瑚
Favites abdita

蜂巢珊瑚科 Faviidae
角蜂巢珊瑚属 *Favites*

【形态特征】秘密角蜂巢珊瑚的珊瑚骨骼为不规则瘤状，凹凸不平，颜色为火黄色和土黄色。珊瑚杯是不等边长的四边形、五边形、六边形，大小不等，杯间壁厚，杯深浅也不等。

【繁殖】unknown（未知）

【生态生境】常见于各种珊瑚礁环境中，深度可达30m。

【地理分布】红海，马尔代夫群岛，查戈斯群岛，班达群岛，新几内亚岛，罗图马岛，新爱尔兰岛，斐济群岛，大堡礁，贝劳群岛，马绍尔群岛，比基尼环礁，小笠原群岛，四国岛，九州岛。新加坡，斯里兰卡，菲律宾，印度尼西亚的安汶、雅加达、苏拉威西海域。我国海南岛，西沙群岛，中沙群岛，南沙群岛，台湾海域。

【GenBank】HE654582

【保护等级】near threatened（近危）

【生态与应用价值】秘密角蜂巢珊瑚适应能力较强，能够在水温15℃以下生存，也可以适应40m深的潟湖环境，同时能够适应近岸透明度较低的海水环境，可适应海水温度和盐度的大幅度变化，也可抵受台风的吹袭。该珊瑚是非常具有潜力的一种造礁工程物种，可作为先锋种，用于造、护礁工程初期。

板叶角蜂巢珊瑚
Favites complanata

蜂巢珊瑚科 Faviidae
角蜂巢珊瑚属 *Favites*

【**形态特征**】板叶角蜂巢珊瑚又名大星珊瑚，是不寻常的珊瑚种类，近年来该珊瑚大量减少，世界自然保护联盟已经将其保护等级评为"近危"。板叶角蜂巢珊瑚群体常形成固体圆顶或土堆。珊瑚石大且厚，有点角度，它们之间的壁为圆形。花萼的直径为 8-12mm。隔膜（内部石脊）有 2 个螺旋，每个具有 4 或 5 个齿。栅栏状的叶片在第一轮的隔膜上是不同的，而珊瑚石中心的小柱很大。石质的脊，现在被称为肋脉，在珊瑚礁之间继续延伸，常形成 3 个珊瑚岩壁连接的三角形。这种珊瑚通常呈暗淡的棕色，息肉的口腔有时呈绿色或灰色。通过息肉扩大和伸展触手捕捉浮游生物，但该珊瑚营养需求的大部分由其组织内的虫黄藻满足。这些共生的单细胞甲藻利用光合作用来合成有机分子。在不利的条件下，如珊瑚受到高温压力时，虫黄藻可能会被驱逐，珊瑚颜色变浅。当水温超过 30℃（86℉）时，该珊瑚就会白化。

【**繁殖**】unknown（未知）

【**生态生境**】常见于深达约 30m 的各种礁石栖息地中，只能生活在温暖、清澈、低营养盐和正常盐度的海水中。

【**地理分布**】印度洋至太平洋西部及中部。红海。马达加斯加，塞舌尔，马尔代夫，日本，澳大利亚海域。我国东沙群岛和西沙群岛。

【**GenBank**】EU371692

【**保护等级**】near threatened（近危）

【**生态与应用价值**】板叶角蜂巢珊瑚是一类造礁珊瑚，具有重要的造礁功能。同时，其与虫黄藻组成的共生体是珊瑚礁生态系统重要的一类初级生产者。板叶角蜂巢珊瑚人工养殖难度较高，对环境的敏感度较高，适合在人工修复岛礁后期投入养殖。

锯齿刺星珊瑚
Cyphastrea serailia

裸肋珊瑚科 Merulinidae
刺星珊瑚属 *Cyphastrea*

【形态特征】锯齿刺星珊瑚的外触手芽形成群体，共骨无孔且有刺，皮壳位于死珊瑚骨骼上，由于环境不同或者附着的不一致，珊瑚骨骼的形态明显分为 2 个生长类型。类型 I：珊瑚骨骼表面光滑，鞘（theca）不突出，或表面有起伏，鞘亦稍突出，珊瑚杯呈圆形或亚圆形，直径为 1-2mm，杯间距离大，生活环境系内湾沙滩，风浪不大。类型 II：珊瑚骨骼表面多瘤突起，鞘很突出，珊瑚杯拥挤，直径大小不一、相差悬殊，形状多样，呈椭圆形、多边形或长方形等，生活环境面临外海，水骚动而不平静。珊瑚杯深浅不等，底部有海绵状轴柱，第 I、第 II 轮隔片完全（芽生不久的珊瑚杯除外，只有 4-11 个隔片），厚薄不一，年幼的珊瑚杯中隔片呈梳状，并有颗粒或刺。珊瑚肋隐埋在共骨中，亦有突出的，珊瑚肋上的刺随芽生的时间长短，从无到有、从小到大、从稀到密，在一个群体中可以找到它们连续发育的过程。生活时为褐色，口道为翠绿色或灰色。

【繁殖】unknown（未知）

【生态生境】常见于各种珊瑚礁环境中。

【地理分布】印度洋。红海，帕劳群岛，大堡礁，马绍尔群岛，加罗林群岛，比基尼环礁，小笠原群岛，四国岛，本州岛，九州岛沿岸海域。新加坡，印度尼西亚，菲律宾海域。我国北部湾，西沙群岛，中沙群岛，南沙群岛，广东及台湾海域。

【GenBank】AB117257

【保护等级】least concern（无危）

【生态与应用价值】锯齿刺星珊瑚是常见的一类造礁珊瑚，具有重要的造礁功能。同时，其与虫黄藻组成的共生体是珊瑚礁生态系统重要的一类初级生产者。

网状菊花珊瑚
Goniastrea retiformis

裸肋珊瑚科 Merulinidae
菊花珊瑚属 *Goniastrea*

【形态特征】网状菊花珊瑚的珊瑚骨骼皮壳呈块状，珊瑚杯为五边形或六边形，长径为3-5mm，杯深1-2mm，相邻两珊瑚杯的隔片相对排列，12个隔片与轴柱相连，并有12个清晰的纺锤形围栅瓣，隔片边缘有很小的锯齿，两侧光滑。生活时为火黄色或夹杂淡黄色。

【繁殖】unknown（未知）

【生态生境】常见于各种浅水珊瑚礁环境。

【地理分布】红海，塞舌尔群岛，阿尔达布拉群岛，马尔代夫群岛，帕劳群岛，斐济群岛，马绍尔群岛，比基尼环礁，小笠原群岛，四国岛，苏拉威西岛。坦桑尼亚达累斯萨拉姆，索马里，斯里兰卡，新加坡，印度尼西亚雅加达，菲律宾海域。我国海南岛，西沙群岛，中沙群岛，南沙群岛。

【GenBank】EU371700

【保护等级】least concern（无危）

【生态与应用价值】网状菊花珊瑚是一类造礁珊瑚，具有重要的造礁功能。同时，其与虫黄藻组成的共生体是珊瑚礁生态系统重要的一类初级生产者，为许多小型隐藏生物提供生存之所。

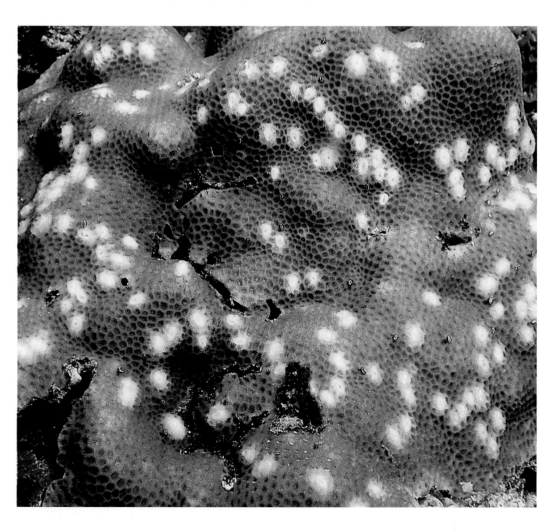

粗裸肋珊瑚
Merulina scabricula

裸肋珊瑚科 Merulinidae
裸肋珊瑚属 *Merulina*

【形态特征】粗裸肋珊瑚的珊瑚骨骼皮壳为分枝状，分枝短而阔，可以彼此融合，顶端为二分叉扇形。非珊瑚杯表面的脊塍之间的谷不连续且浅，谷底有扁平的轴柱，或轴柱上有结突。隔片稍突起，主要隔片与次要隔片交替排列，隔片边缘有齿，两侧有颗粒，6-9 个隔片与轴柱相连。生活时为粉红色、黄色或胭脂红色。

【繁殖】unknown（未知）

【生态生境】多生活在各种珊瑚栖息地中。

【地理分布】印度洋—太平洋海域，太平洋中部及南部。红海—印度洋，大堡礁。泰国，新加坡，马来西亚，印度尼西亚，巴布亚新几内亚，菲律宾，斐济海域。我国海南岛及南沙群岛珊瑚礁海域。

【GenBank】HQ203281

【保护等级】least concern（无危）

【生态与应用价值】粗裸肋珊瑚是一类造礁珊瑚，具有重要的造礁功能。同时，其与虫黄藻组成的共生体是珊瑚礁生态系统重要的一类初级生产者。

同双星珊瑚
Diploastrea heliopora

双星珊瑚科 Diploastreidae
双星珊瑚属 *Diploastrea*

【形态特征】同双星珊瑚的珊瑚骨骼皮壳为块状，表面平整或稍凸起呈拱形。该珊瑚群体由外触手芽形成，群体大，直径可达数米。珊瑚杯为圆形或椭圆形，直径为6-10mm，隔片珊瑚肋有21-36个，绝大部分与轴柱相连，轴柱由扁平圆形小梁组成。隔片边缘光滑或者有1或2枚小刺，两侧有细颗粒。珊瑚肋外缘有3-8枚短尖刺，排列整齐。该种在珊瑚类群中是最易辨别的一种。珊瑚表面光滑，通常呈棕黄色、奶油色或灰褐色，有时呈绿色。

【繁殖】unknown（未知）

【生态生境】典型的栖息地是在没有强烈波浪作用的环境中，如受保护的边缘礁和后礁斜坡，深度超过30m。

【地理分布】印度洋—西太平洋区的热带水域。红海，索马里半岛，马尔代夫群岛，马纳尔湾，帕劳群岛，新不列颠岛，波纳佩岛，斐济群岛，萨摩亚群岛，加罗林群岛。印度，斯里兰卡，新加坡，印度尼西亚，菲律宾，澳大利亚海域。我国海南岛。

【GenBank】AB117290

【保护等级】near threatened（近危）

【生态与应用价值】同双星珊瑚是一类造礁珊瑚，具有重要的造礁功能。同时，其与虫黄藻组成的共生体是珊瑚礁生态系统重要的一类初级生产者。同双星珊瑚对环境的敏感度较高，适合在人工修复岛礁后期投入养殖。

澄黄滨珊瑚
Porites lutea

滨珊瑚科 Poritidae
滨珊瑚属 *Porites*

【形态特征】澄黄滨珊瑚又称钟形微孔笠珊瑚或钟形微孔珊瑚。群体呈团块状、半球形或钟形，表面常有不规则的块状突起，珊瑚虫的骨骼不向内凹入。该珊瑚往往会形成大型的群体，直径可达数米，常呈黄褐色或绿褐色。该珊瑚上常有大旋鳃虫和蚓螺等凿孔生物栖息，滤食浮游生物。

【繁殖】unknown（未知）

【生态生境】常生活于珊瑚礁靠近沙地边缘、平坦海域的环礁表面，尤其是水深10m以内、水流较强的海域。

【地理分布】印度洋—太平洋珊瑚礁海域。我国中沙群岛，西沙群岛珊瑚礁海域。

【GenBank】AB441243

【保护等级】least concern（无危）

【生态与应用价值】澄黄滨珊瑚是一类造礁珊瑚，具有重要的造礁功能。同时，其与虫黄藻组成的共生体是珊瑚礁生态系统重要的一类初级生产者。澄黄滨珊瑚属于块状珊瑚，能给多种小型生物提供生存之所。该珊瑚具有耐高温和易恢复的特点，是非常具有潜力的一种造礁工程物种，可以在人工修复岛礁中优先养殖。

团块滨珊瑚
Porites lobata

滨珊瑚科 Poritidae
滨珊瑚属 *Porites*

【形态特征】团块滨珊瑚是水螅型的单体或群体动物，是一种滤食性生物。习单体或群体生活，触手及隔膜数为 6 或 6 的倍数。触手为指状，隔膜成对发生，肌肉多相对而生，口道沟 2 个。如有骨骼，其均在体外，由表皮层分泌形成。该珊瑚是常见的六放珊瑚亚纲石珊瑚目的动物，每个虫体与海葵相似，其基盘部分与体壁的外胚层细胞能分泌石灰质物质，积存在虫体的底面、侧面及隔膜间等处。单体的直径最大可达 50cm，群体中个体的直径仅有几毫米。其结构与海葵很相似，隔膜成对发生，但缺乏明显的口道沟，具钙质杯状外骨骼。该珊瑚通常呈球形或圆柱形，有些则呈分枝形或板叶形，特征是具有小型多孔的珊瑚骨骼。

【繁殖】unknown（未知）

【生态生境】该珊瑚是珊瑚中的常见种类，其生长在平坦海域的环礁表面，尤其是水深 10m 以内、水流较强的海域。

【地理分布】印度洋—太平洋热带海域，中美洲的太平洋沿岸海域。东非，红海，亚丁湾—印度尼西亚海域。澳大利亚—加利福尼亚海域。我国中沙群岛，西沙群岛及南沙群岛珊瑚礁海域。

【GenBank】FJ423994

【保护等级】near threatened（近危）

【生态与应用价值】团块滨珊瑚是一类造礁珊瑚，具有重要的造礁功能。同时，其与虫黄藻组成的共生体是珊瑚礁生态系统重要的一类初级生产者。团块滨珊瑚属于块状珊瑚，能给多种小型生物提供生存之所。该珊瑚具有耐高温和易恢复的特点，是非常具有潜力的一种造礁工程物种，可以在人工修复岛礁中优先养殖。

伍氏杯形珊瑚
Pocillopora woodjonesi

杯形珊瑚科 Pocilloporidae
杯形珊瑚属 *Pocillopora*

【形态特征】伍氏杯形珊瑚是水螅型的单体或者群体动物，习单体或群体生活。该珊瑚触手与隔膜数为6或者6的倍数。触手呈指状，隔膜成对发生，肌肉多对生，口道沟2个。虫体与海葵相似，基盘部分与体壁外胚层细胞能分泌石灰质物质，存积于虫体底部、侧面及隔膜等处。

【繁殖】可以通过碎片进行无性繁殖，也可进行有性繁殖，幼虫在外骨骼内发育，而不是自由漂浮在水中。当成熟时，幼虫被释放并且可以保持自由游泳数周，然后沉降在基质上。

【生态生境】生活于温带和亚热带的浅海、深海及各种基质的海底，如沙质、岩石底部，其最适宜的温度是22-28℃。主要生活在浅海区、大陆架及海岛的四周，其垂直分布限制在60m之内，在30m左右深度处生长最好。因为浅海区是日光的穿透层，有利于珊瑚体内共生藻类的光合作用，浅海区的潮汐作用和风浪、海水的振动为珊瑚提供了丰富的食物源及充足的氧气，并易于移走代谢产物。

【地理分布】萨摩亚群岛，马绍尔群岛，圣诞岛，库克群岛。斐济，波利尼西亚，印度，印度尼西亚，马来西亚，缅甸，柬埔寨，密克罗尼西亚联邦，日本，澳大利亚海域。我国南海。

【GenBank】KC706677

【保护等级】least concern（无危）

【生态与应用价值】伍氏杯形珊瑚是一类造礁珊瑚，具有重要的造礁功能。同时，其与虫黄藻组成的共生体是珊瑚礁生态系统重要的一类初级生产者。伍氏杯形珊瑚对环境的敏感度较高，适合在人工修复岛礁后期投入养殖。

多曲杯形珊瑚
Pocillopora meandrina

杯形珊瑚科 Pocilloporidae
杯形珊瑚属 *Pocillopora*

【形态特征】多曲杯形珊瑚形态外观呈树枝状，但枝梢并不尖细。珊瑚骨骼强壮，皮壳于死珊瑚骨骼上，分枝为扁柱形，较短，两侧上部有大的小枝。基部珊瑚杯大且圆，杯四周的刺是棒形，隔片不完全，但隔片之间有清晰的槽。轴柱大且稍微突起。该珊瑚触手为指状，隔膜成对发生，肌肉多相对而生，不明显口道沟2个，具钙质杯状外骨骼，珊瑚群体呈笙形或融合形，珊瑚杯小，群体由外触手芽形成，隔片发育不完全，轴柱无或稍突起。

群体由多个分枝形成，呈半球状，分枝与小枝上的疣多，该种特点是各分枝均向上生长，无蔓延枝，牢固附着在坚硬底座上。疣高矮不等，为2-5mm，直径为3-6mm。珊瑚杯底部为圆形，直径约为1mm，分枝顶部几乎磨光或有小疣存在。

【繁殖】unknown（未知）

【生态生境】生长在平坦海域的环礁表面，尤其是水深10m以内、水流较强的海域。滤食浮游生物。棕褐色为群体常见颜色，粉红色、玫瑰红色经常在深水或稍为平静的环境中发现。

【地理分布】英属印度洋海域。所罗门群岛，托克劳群岛。埃及，索马里，柬埔寨，印度，伊拉克，以色列，科威特，马达加斯加，马来西亚，马尔代夫，毛里求斯，菲律宾，沙特阿拉伯，新加坡，斯里兰卡，泰国，越南，日本，斐济，智利，墨西哥，澳大利亚海域。我国南海，台湾海域。

【GenBank】KY887487

【保护等级】near threatened（近危）

【生态与应用价值】多曲杯形珊瑚是一类造礁珊瑚，具有重要的造礁功能。同时，其与虫黄藻组成的共生体是珊瑚礁生态系统重要的一类初级生产者。多曲杯形珊瑚对环境的敏感度较高，适合在人工修复岛礁后期投入养殖。

箭排孔珊瑚
Seriatopora hystrix

杯形珊瑚科 Pocilloporidae
排孔珊瑚属 *Seriatopora*

【形态特征】箭排孔珊瑚群体由形状多种、大小粗细不等的尖锥形分枝交错融合而成，一般群体呈灌木状。分枝直径为 1.5-4.0mm，基部分枝可能大于 4.0mm。珊瑚杯状分枝纵向排列。珊瑚杯四周小刺不形成"罩"，第Ⅰ轮隔片清晰，呈板状，在分枝末端的第Ⅰ轮隔片呈狭板状或齿状，轴柱大，呈块状或针状。该种通常生长在浅水区，生长型随生境变化而变化，在静且风浪小的生境，群体的分枝细长、脆弱；在风浪大的生境，群体密且分枝粗短、较硬。随生境变化形成多态种，生活时群体呈鲜紫色或黄色。

【繁殖】unknown（未知）

【生态生境】常见于各种珊瑚礁环境中。

【地理分布】热带印度洋—太平洋珊瑚礁海域。我国西沙群岛，南沙群岛，台湾南部珊瑚礁海域。

【GenBank】AB441234

【保护等级】least concern（无危）

【生态与应用价值】箭排孔珊瑚是一类造礁珊瑚，具有重要的造礁功能。同时，其与虫黄藻组成的共生体是珊瑚礁生态系统重要的一类初级生产者。箭排孔珊瑚的枝状分叉多，利于小型游动生物栖息和捕食，可稳定珊瑚礁生态系统的生物多样性。

浅杯排孔珊瑚
Seriatopora caliendrum

杯形珊瑚科 Pocilloporidae
排孔珊瑚属 *Seriatopora*

【形态特征】浅杯排孔珊瑚群体分枝大致相同，无畸形，彼此融合形成灌木状群体。珊瑚杯中第Ⅰ轮隔片显著，杯壁上的小刺形成"罩"。水螅孔是整齐排列的，息肉在光线暗时延伸，明显比强光下大。生活时为棕黄色。

【繁殖】unknown（未知）

【生态生境】常见于各种珊瑚礁环境中。

【地理分布】印度洋—太平洋。红海，留尼汪岛，马绍尔群岛，北马里亚纳群岛，帕劳群岛，所罗门群岛，瓦利斯群岛和富图纳群岛，关岛，新喀里多尼亚。埃及，苏丹，约旦，巴林，斐济，索马里，伊拉克，伊朗，以色列，科威特，马达加斯加，马来西亚，毛里求斯，瑙鲁，巴基斯坦，印度，巴布亚新几内亚，菲律宾，印度尼西亚，沙特阿拉伯，塞舌尔，新加坡，斯里兰卡，缅甸，泰国，柬埔寨，越南，图瓦卢，瓦努阿图，阿联酋，墨西哥东部，也门，澳大利亚海域。我国南海，台湾海域。

【GenBank】KU921643

【保护等级】near threatened（近危）

【生态与应用价值】浅杯排孔珊瑚是一类造礁珊瑚，具有重要的造礁功能。同时，其与虫黄藻组成的共生体是珊瑚礁生态系统重要的一类初级生产者。浅杯排孔珊瑚生长速度很快，能适应各种环境，在海洋中对弱小生物起保护作用，弱小的鱼类和一些十足类螃蟹等都栖息在该珊瑚丛中，可作为人工修复岛礁的优先工程物种。

十字牡丹珊瑚
Pavona decussata

菌珊瑚科 Agariciidae
牡丹珊瑚属 *Pavona*

【形态特征】十字牡丹珊瑚又名叶珊瑚。该珊瑚通常具有叶状附属结构或分枝，其厚度为 3-10mm，两边都有珊瑚石。珊瑚石的直径为 2-3mm，大部分不规则地散布，但是有时平行于叶片边缘或径向脊边缘排列。颜色不同，为绿色或棕色，有橙色或乳白色的阴影。

【繁殖】unknown（未知）

【生态生境】是一个相当常见的物种，生活在各种珊瑚栖息地，特别是在倾斜的表面上，深度达到 15m。其能容忍中等程度的沉淀。

【地理分布】印度洋中部，西太平洋。东非，红海—日本。菲律宾，巴布亚新几内亚，澳大利亚东部海域。我国南海，东海。

【GenBank】unknown（未知）

【保护等级】vulne rable（易危）

【生态与应用价值】十字牡丹珊瑚是一类造礁珊瑚，具有重要的造礁功能。同时，其与虫黄藻组成的共生体是珊瑚礁生态系统重要的一类初级生产者。十字牡丹珊瑚虽然可生长在浑浊度较高的浅水域中，但是其对水温等环境敏感度较高，容易发生白化，所以适合在人工修复岛礁后期投入养殖。

丛生盔形珊瑚
Galaxea fascicularis

枇杷珊瑚科 Euphylliidae
盔形珊瑚属 *Galaxea*

【形态特征】丛生盔形珊瑚的珊瑚骨骼为块状，形状多变，珊瑚杯多而密，呈圆形、椭圆形或长方形，甚至呈不规则形。隔片为倒楔形，第 I - III 轮隔片完全，离心端珊瑚肋变粗，其中，第III轮隔片约为 1/2 珊瑚杯半径宽，珊瑚肋变得更粗、更突出，第IV轮隔片发育不完全。隔片两侧的颗粒小且少。生活时单色为黄色、绿色或灰白色；复色为咖啡色加白色或条纹黄色夹白色。珊瑚虫经常在白天进食，当触手延长时，会隐藏珊瑚的基本骨架。触手颜色多样，通常为白色。一些触手为可以延伸到 30cm 长的清扫器触手，并且用于阻止其他生物靠近。

【繁殖】可通过出芽方式进行无性繁殖，也可通过两性生殖细胞进行有性繁殖。进行有性繁殖时，精子和卵子同时释放，进行外部受精。该珊瑚浮浪幼体在漂移过程中多数被浮游动物捕食，少数存活的幼体在海底附着，经历变态并发展成息肉，逐渐长出骨架结构，最终成长为一个新的珊瑚群落。

【生态生境】多生活在珊瑚礁的斜坡上，特别是在波动较弱的地方，其深度为 2-15m。

【地理分布】印度洋—太平洋。红海，亚丁湾。我国海南岛，东沙群岛，西沙群岛，南沙群岛及广西、广东、台湾沿岸珊瑚礁海域。

【GenBank】KU233291

【保护等级】near threatened（近危）

【生态与应用价值】丛生盔形珊瑚是一类造礁珊瑚，具有重要的造礁功能。同时，其与虫黄藻组成的共生体是珊瑚礁生态系统重要的一类初级生产者。丛生盔形珊瑚对环境的敏感度较高，适合在人工修复岛礁后期投入养殖。

刺石芝珊瑚
Fungia echinata

石芝珊瑚科 Fungiidae
石芝珊瑚属 *Fungia*

【形态特征】珊瑚骨骼多为长履形，两端近圆形，上下稍扁平。珊瑚骨骼正面凸，形成弓形，背面凹，除柄痕迹处之外，多孔。一般中间有腰，中央窝呈长条形，大部分通及两端，部分年幼标本中央窝短，不通及两端。窝底由杂乱的小梁组成轴柱。隔片拥挤，三角形的隔片齿多，上面有不同厚度的石灰质簇，珊瑚肋呈刺星单枝状，上面密集了许多小刺。

【繁殖】unknown（未知）

【生态生境】多生活于温暖、浅水的珊瑚礁内，一般要求水温为22-30℃，水深在45m以内。

【地理分布】印度洋—太平洋。红海—学会群岛。我国海南岛，西沙群岛，南沙群岛，台湾沿岸珊瑚礁海域。

【GenBank】unknown（未知）

【保护等级】least concern（无危）

【生态与应用价值】刺石芝珊瑚是一类造礁珊瑚，具有重要的造礁功能。同时，该珊瑚与虫黄藻组成的共生体是珊瑚礁生态系统重要的一类初级生产者。

黑角珊瑚目 Antipatharia

二叉黑角珊瑚
Antipathes dichotoma

黑角珊瑚科 Antipathidae
黑角珊瑚属 *Antipathes*

【形态特征】二叉黑角珊瑚可以生长到 1m 或更高，具有多个稀疏的分枝结构，细长、柔软的分枝不规则地排列在主干周围。分枝生长的角度是可变的，但通常接近 90°。较小的分枝上有 4-6 排短且圆滑的圆锥形刺。珊瑚虫直径为 2-2.4mm，每厘米 3 或 4 个珊瑚虫。它们在最小的分枝上排列成一个系列，在最大的分枝上排列成多个系列。

【繁殖】unknown（未知）

【生态生境】深水物种，通常生长在较阴暗隐蔽的礁石或崖壁底部，水深为 200-300m，一般要求水温为 22-26℃。

【地理分布】温带大西洋西部的部分海域。地中海，马赛海岸，那不勒斯湾，第勒尼安海，比斯开湾。摩洛哥海岸附近的海域。我国南海。

【GenBank】unknown（未知）

【保护等级】unknown（未知）

【生态与应用价值】二叉黑角珊瑚是一类造礁珊瑚，具有重要的造礁功能。同时，其与虫黄藻组成的共生体是珊瑚礁生态系统重要的一类初级生产者。二叉黑角珊瑚的枝状分叉多，利于小型游动生物栖息和捕食，可稳定珊瑚礁生态系统的生物多样性。

八放珊瑚亚纲 Octocorallia

软珊瑚目 Alcyonacea

皮革珊瑚
Sarcophyton elegans

软珊瑚科 Alcyoniidae
肉芝软珊瑚属 *Sarcophyton*

【形态特征】皮革珊瑚具有喇叭形或蘑菇状的顶部，其顶部光滑，可以折叠成漏斗状。不像其他软珊瑚，该珊瑚没有茎，贴着岩石或沙地生长，边上长有许多褶皱。该珊瑚由与其共生的虫黄藻提供大多数营养物质，此外也可以摄食一些小型浮游生物、小虾或其他微小食物。它们喜欢适度的水流和高照明。该珊瑚可释放萜烯类物质（防止其他生物侵蚀珊瑚的有毒物质），因此对其他珊瑚是有毒的。

【繁殖】雄性比雌性略小，雄性可达 11cm×11cm×11cm，达到性成熟需要 6-8 年；雌性可生长至 61cm×61cm×61cm，达到性成熟需要 8-10 年。通过产卵、出芽生殖和分裂自然繁殖。分裂繁殖时，在顶端逐渐形成一个洞状结构，当它到达边缘时，一小块会掉开来。分裂的断枝在岩石上或沙底上，即可自然生长。

【生态生境】栖息在珊瑚礁顶部、珊瑚礁斜坡和深达 7m 的潟湖中，一般要求水温为 24-27℃。

【地理分布】印度洋—太平洋。我国南海。

【GenBank】KF955167

【保护等级】unknown（未知）

【生态与应用价值】皮革珊瑚与虫黄藻组成的共生体是珊瑚礁生态系统中重要的初级生产者之一。其生长速度非常快，且环境适应能力比硬珊瑚强，对水质、pH 等海洋环境要求不高，可作为人工修复岛礁的优先工程物种。

直纹合叶珊瑚
Symphyllia recta

苔珊瑚科 Mussidae
合叶珊瑚属 *Symphyllia*

【形态特征】珊瑚体呈脑纹形或半球形。沟纹浅，中央为规则的直纹，边缘则为不规则的曲纹。生活时呈绿色、灰色或淡褐色。
【繁殖】卵生。
【生态生境】常见于海流稍强的珊瑚礁平台或斜坡上缘，水深为 1-30m。
【地理分布】印度洋，太平洋。菲律宾，日本南部，澳大利亚海域。我国南海，台湾海域。
【GenBank】AB117244
【保护等级】least concern（无危）
【生态与应用价值】直纹合叶珊瑚与虫黄藻组成的共生体是珊瑚礁生态系统重要的一类初级生产者。其生长速度较快，能给小型游动生物提供栖息和捕食的场所。

苍珊瑚目 Helioporacea

苍珊瑚
Heliopora coerulea

苍珊瑚科 Helioporidae
苍珊瑚属 *Heliopora*

【形态特征】苍珊瑚俗名蓝珊瑚，是苍珊瑚目下的唯一一种珊瑚，也是八放珊瑚亚纲中唯一会长出大型骨骼的珊瑚。它们的骨骼由霰石组成，与石珊瑚目相似，是八放珊瑚亚纲中唯一的造礁种。该珊瑚营群体生活，单个息肉个体生活在骨骼内的管内，并通过骨骼外侧的薄层组织连接。具有宽阔的胃腔，缺乏隔板。共肉在表皮下形成许多盲管以增加表面积及分泌钙质物质。其骨架内有蓝色或灰色的息肉，每个包含8个触手。其群落呈柱状、盘状或分枝状。

【繁殖】生殖腺位于隔膜上，在纵肌束及隔膜丝之间形成长带状，生殖细胞来源于内胚层的间质细胞。如果是雌雄同体的种，一般是雄性先成熟，以避免同体受精。生殖细胞排到体外，在海水中或在胃腔中受精。个体发育经过浮浪幼体，再发育为成体。

【生态生境】栖息在深度低于 2m 的珊瑚礁，或暴露于海浪、平地、潮间带地区的礁石，有时在边缘栖息地组成的浅水珊瑚礁。

【地理分布】印度洋东部及西部，太平洋西南部。澳大利亚，日本海域。我国南海。

【GenBank】GQ342426

【保护等级】vulnerable（易危）

【生态与应用价值】苍珊瑚是一类造礁珊瑚，具有重要的造礁功能。同时，其与虫黄藻组成的共生体是珊瑚礁生态系统重要的一类初级生产者。苍珊瑚因生活在浅水珊瑚礁，数量较少且颜色比较独特，所以容易遭到人为捕捞而受到破坏，是需要重点保护的物种。

二　珊瑚礁鱼类

珊瑚礁鱼类（coral fishes）是指那些生活在珊瑚礁中或与珊瑚礁有紧密关系的鱼类。珊瑚礁构建了复杂的生态系统，具有极大的生物多样性。珊瑚礁虽然在海洋的总面积里仅占不到 1% 的面积，但却为 25% 的海洋鱼类提供了居所。珊瑚礁鱼类有 6000-8000 种，其中的 4000-5000 种可见于印度洋与太平洋海域，500-700 种生活于加勒比海域（热带大西洋西部）。南海珊瑚礁海域的鱼类有 3000 多种（鲈形目鱼类占优势），其中，具开发价值的珍稀名贵鱼类有数百种，它们是潜在的养殖品种的种质基因库，还有丰富的观赏鱼类资源。珊瑚礁鱼类是地球上脊椎动物中最为特别的群体，其颜色、体型、行为和生态特征都是非常特别的。

珊瑚礁鱼类是珊瑚礁生态系统的重要组成群落，是评价珊瑚礁生态系统健康与否的重要指标之一。健康的珊瑚礁生态系统往往支撑着很高的生物多样性水平。其中，鱼类物种多样性与珊瑚物种多样性之间呈现出正相关的关系（Harmelin-Vivien，1989）。珊瑚礁鱼类食性广泛，是珊瑚礁生态系统中复杂食物网的多营养级成员。珊瑚礁生态系统的退化，会导致鱼类物种多样性降低、高营养级鱼类缺失、鱼类生活史周期变短、死亡率增加、生物量密度降低等现象（McClanahan et al.，2015）。鱼类群落的衰退也会对珊瑚礁生态系统具有负面作用，例如，大型海藻会与珊瑚竞争生存空间，草食性鱼类却能控制大型海藻的过度生长。如果草食性鱼类缺失，珊瑚礁就会因生长速度慢在大型海藻的竞争中逐渐衰退、死亡甚至完全消失（McClanahan et al.，2015）。简而言之，珊瑚礁鱼类在维护珊瑚礁生态系统健康和稳定过程中发挥关键生态调控作用，是极其重要的一类珊瑚礁护礁生物类群。阐明珊瑚礁生态系统中鱼类群落结构和生态功能，不仅有助于评价珊瑚礁生态系统的稳定性和演变趋势，并能够为制定人工干预珊瑚礁健康发育的工程策略提供理论依据。

脊索动物门 Chordata

软骨鱼纲 Chondrichthyes

鲼形目 Myliobatiformes

蓝点魟
Taeniura lymma

魟科 Dasyatidae
条尾魟属 *Taeniura*

【形态特征】蓝点魟又称蓝点珍珠魟、蓝点条尾魟。身体扁平，呈圆盘状，尾巴粗壮，向后渐渐变细长，末端有宽阔的尾鳍。体背为深绿色，分布有多个蓝色圆斑，尾上有沿着尾巴方向的蓝色条纹，但成年蓝点魟沿背脊中线有一些突起物，尾部后端比其他魟鱼多1条刺，尾刺内含有强烈的毒素。涨潮时，它们会成群进入浅沙海域去吃软体动物、蠕虫、虾蟹等；退潮时，它们回到洞穴或岩底寻找庇护所。平时常将鱼体半埋于沙中，借机躲避敌害与偷袭猎物。以小型底栖动物为食，游泳能力不强，以波浪状方式摆动体盘两侧来游动。

【繁殖】繁殖期在春末和夏季，卵胎生，孕期为4个月至1年。

【生态生境】栖息于海水底层底沙丰富的礁石区域。

【地理分布】印度洋—西太平洋的热带或亚热带海域。红海，日本海南部，非洲东部海域。澳大利亚北部海域。我国南海。

【GenBank】KY849556

【保护等级】near threatened（近危）

【生态与应用价值】蓝点魟外形奇特、体色艳丽，具有很高的观赏价值，在观赏渔业中是著名的展示性鱼类，常见于各大海洋馆。因此，大量野生蓝点魟被人为捕捞，造成野外种群减少。目前已有人工繁育和饲养的报道，人工养殖的蓝点魟多面向水族观赏市场。

硬骨鱼纲 Osteichthyes
辐鳍亚纲 Actinopterygii

鲈形目 Perciformes

黑鳃刺尾鱼
Acanthurus pyroferus

刺尾鱼科 Acanthuridae
刺尾鱼属 *Acanthurus*

【形态特征】黑鳃刺尾鱼体呈椭圆形且侧扁。头小，头背部轮廓随着生长而略凸出。口小，端位，上下颌各具1列扁平齿，齿固定不可动，齿缘具缺刻。背鳍及臀鳍硬棘尖锐，分别具Ⅷ棘和Ⅲ棘，各鳍条皆不延长，胸鳍近三角形，幼鱼时尾鳍呈圆形，随着成长逐渐呈弯月形，成鱼时上下叶延长。该种在幼年时颜色亮丽，成年后则改变极大。幼鱼体色共有3种形态：一为通体黄色；二为大部分为黄色，但鳃盖、背鳍、臀鳍及尾鳍具蓝缘，此类似于绣红刺尻鱼（*Centropyge ferrugatus*）的体色；三为大部分鱼体呈淡灰绿色，后部逐渐变为黑色。鱼体随着成长逐渐变为黄褐色，成鱼时变为暗褐色，体侧不具任何线纹，但在胸鳍基部上下具大片橘黄色斑驳，鳃盖后部具黑色宽斜带。背鳍及臀鳍为黑褐色，鳍缘为黑色，基底各具一黑色线纹；尾鳍为黑褐色，具黄色宽线缘；胸鳍及腹鳍为黑褐色；尾柄棘沟缘为黑色。体长可达20cm。

【生态生境】栖息于珊瑚礁和潟湖中，生性害羞，活动较隐蔽，以藻类和有机碎屑为食。

【地理分布】印度洋，太平洋。西起塞舌尔，东至马贵斯群岛，北至日本，南至澳大利亚大堡礁。我国南海，台湾海域及离岛。

【GenBank】KU892969

【保护等级】least concern（无危）

【生态与应用价值】黑鳃刺尾鱼为一类泛珊瑚礁区域的热带海水鱼，多活动于珊瑚礁丰茂的地区，觅食礁石上的多种藻类和有机碎屑，是珊瑚礁生态系统中重要的一类消费者。黑鳃刺尾鱼不仅可以清除珊瑚礁上的藻类和沉积物以促进珊瑚的生长，还具有较强的环境适应能力，可作为人工修复岛礁的优先恢复工程物种。

横带刺尾鱼
Acanthurus triostegus

刺尾鱼科 Acanthuridae
刺尾鱼属 *Acanthurus*

【形态特征】横带刺尾鱼又称条纹刺尾鱼、五间吊或斑马吊。鱼吻及下颌周围有淡色环。鱼体呈椭圆形且侧扁。头小，头背部眼前稍凸。口小，端位，上下颌各具1列扁平齿，齿固定不可动，齿缘具缺刻。背鳍及臀鳍硬棘尖锐，分别具Ⅺ棘及Ⅲ棘，各鳍条皆不延长，胸鳍近三角形，尾鳍略内凹或近截形。体色一致为具光泽的灰绿色至黄绿色，腹面呈白色，体侧具1条波状黑色纵纹，随着成长而明显；头部及体侧共约有5条黑色横带，第1条横带贯穿眼部而成1条眼带，最后1条则位于尾柄前方；尾鳍前方至尾柄背侧另具1条黑色鞍状斑，腹侧则有1个黑点；头背侧由眼间隔至吻端的正中央另具1条黑色窄带；各鳍呈淡色至黄绿色。体长可达20cm。

【繁殖】繁殖期成群聚集，群中个体数以万计，其中每10-20只形成子群，也会结对产卵。赤道附近的种群可在全年任何时间产卵，其他地区的种群进行季节性繁殖，例如，夏威夷附近海域的横带刺尾鱼，只在2-3月产卵，产卵前迁徙2km到达向海一侧的礁石繁殖地或连接潟湖和海洋的水道。双亲对后代不提供亲代抚育。

【生态生境】暖水珊瑚礁鱼类，栖息于珊瑚礁和潟湖、蓄潮池及其他近岸栖息地，如低浅海滩侵蚀带。以藻类和有机碎屑为食。

【地理分布】印度洋，太平洋。我国南海。

【GenBank】KY371078

【保护等级】least concern（无危）

【生态与应用价值】横带刺尾鱼为一类泛珊瑚礁区域的热带海水鱼，多活动于珊瑚礁丰茂的地区，觅食珊瑚和岩礁上的藻类及有机碎屑，是珊瑚礁生态系统中重要的一类消费者。横带刺尾鱼不仅可以清除珊瑚礁上的藻类和沉积物以促进珊瑚的生长，还具有较强的环境适应能力，可作为人工修复岛礁的优先恢复工程物种。

日本刺尾鱼
Acanthurus japonicas

刺尾鱼科 Acanthuridae
刺尾鱼属 *Acanthurus*

【形态特征】日本刺尾鱼又称日本刺尾鲷。体呈椭圆形且侧扁。头小，头背部轮廓不特别凸出。口小，端位，上下颌各具 1 列扁平齿，齿固定不可动，齿缘具缺刻。背鳍及臀鳍硬棘尖锐，分别具 XI 棘及 III 棘，各鳍条皆不延长；胸鳍近三角形；尾鳍近截形或内凹。体色一致为黑褐色，但越往后部体色越略偏黄；眼睛下缘具一白色宽斜带，向下斜走至上颌；下颌另具半月形白环斑。背鳍及臀鳍为黑色，基底各具 1 条鲜黄色带纹，向后渐宽；背鳍鳍条部另具 1 条鲜橘色宽纹；奇鳍皆具蓝色缘；尾鳍为淡灰白色，前端具白色宽横带，后接黄色窄横带，上下叶缘为淡蓝色；胸鳍基部呈黄色，余为灰黑色；尾柄为黄褐色，棘沟缘为鲜黄色，尾柄棘亦为鲜黄色。体长可达 21cm。

【繁殖】繁殖期成群聚集，结对产卵。可在全年任何时间产卵，早晨结群产卵，午后则聚群于礁石周围产卵。

【生态生境】栖息于近海沿岸、珊瑚礁和潟湖中，以藻类和有机碎屑为食。

【地理分布】印度洋—西太平洋。印度尼西亚，菲律宾等海域。我国台湾南部及东部海域，绿岛，兰屿及南海等。

【GenBank】KU944984

【保护等级】least concern（无危）

【生态与应用价值】日本刺尾鱼为一类泛珊瑚礁区域的热带海水鱼，多活动于珊瑚礁丰茂的地区，觅食珊瑚和岩礁上的藻类及有机碎屑，是珊瑚礁生态系统中重要的一类消费者。日本刺尾鱼不仅可以清除珊瑚礁上的藻类和沉积物以促进珊瑚的生长，还具有较强的环境适应能力，可作为人工修复岛礁的优先恢复工程物种。

彩带刺尾鱼
Acanthurus lineatus

刺尾鱼科 Acanthuridae
刺尾鱼属 *Acanthurus*

【形态特征】彩带刺尾鱼又称线纹刺尾鲷、纹倒吊。体呈椭圆形且侧扁。头背部轮廓不特别凸出。口小，端位，上下颌各具1列扁平齿，齿固定不可动，齿缘具缺刻。背鳍及臀鳍硬棘尖锐，分别具XI棘及III棘，各鳍条皆不延长；尾鳍呈弯月形，随着成长，上下叶逐渐延长。尾柄棘尖锐且极长，具有毒腺。头部及体侧上部约3/4的部位为黄色，并具有8-11条镶黑边的蓝色纵纹，上部数条伸达背鳍，下部为淡蓝色。腹鳍为橘黄色至鲜橘色且具黑缘；尾鳍前部呈暗褐色，后接1条蓝色弯月纹，弯月纹后有一片淡蓝色区，上下叶为黄褐色；奇鳍皆具蓝色缘。体长可达38cm。该鱼有极强的领域性，喜在红绿丝状藻间游动。白天在领地内的浅水区觅食，夜晚则进入深水礁缝中。

【繁殖】两性异形鱼类。全年可繁殖，但主要在南半球的夏季（10月至次年2月）繁殖。早晨结群产卵，午后则聚群于礁石周围产卵，该类鱼群也可能是产卵与栖居相结合。

【生态生境】栖息于珊瑚礁或岩礁的浪拂区，栖息深度为0-15m。领域性较强，以藻类和有机碎屑为食，有时也捕食甲壳类。

【地理分布】印度洋的非洲东岸—太平洋中部。夏威夷群岛，波利尼西亚。日本南部海域。我国东海，南海等。

【GenBank】KY371061

【保护等级】least concern（无危）

【生态与应用价值】彩带刺尾鱼为一类泛珊瑚礁区域的热带海水鱼，多活动于珊瑚礁丰茂的地区，觅食珊瑚和岩礁上的藻类及有机碎屑，是珊瑚礁生态系统中重要的一类消费者。彩带刺尾鱼不仅可以清除珊瑚礁上的藻类和沉积物，调节珊瑚和藻类的竞争关系，还具有较强的环境适应能力，可作为人工修复岛礁的优先恢复工程物种。

短吻鼻鱼
Naso brevirostris

刺尾鱼科 Acanthuridae
鼻鱼属 *Naso*

【形态特征】 短吻鼻鱼又称短喙鼻鱼、剥皮仔、独角倒吊。体呈椭圆形且侧扁，尾柄部有 2 个盾状骨板，各有 1 个龙骨突。头小，随着成长，在眼前方的额部逐渐突出而形成长且钝圆的角状突起，其与吻部几乎呈直角。口小，端位，上下颌各具 1 列齿，齿稍侧扁且尖锐，两侧或有锯状齿。背鳍及臀鳍硬棘尖锐，各鳍条皆不延长，尾鳍截平，上下叶不延长。体呈橄榄色至暗褐色，鳃盖膜为白色，体色会随着环境发生一定变化。亚成鱼的头部及体侧均散布许多暗色小点，成鱼时体侧会形成暗色垂直带，垂直带的上下方则散布暗色点，头部亦具暗色点，尾鳍呈白色至淡蓝色，基部具 1 个暗色大斑。体长可达 70cm。

【生态生境】 栖息于潟湖和珊瑚礁中，栖息深度为 2-46m。通常聚集成小群活动，以浮游动物和藻类为食。

【地理分布】 印度洋，太平洋海域。东非，红海，安达曼群岛，马里亚纳群岛，马绍尔群岛，所罗门群岛，斐济群岛，夏威夷群岛，新几内亚群岛，毛里求斯，塞舌尔，马尔代夫，斯里兰卡，日本，菲律宾，印度尼西亚，澳大利亚，瓦努阿图，法属波利尼西亚，瑙鲁等海域。我国东南部沿海，台湾海域及南海。

【GenBank】 KU892971

【保护等级】 least concern（无危）

【生态与应用价值】 短吻鼻鱼为一类泛珊瑚礁区域的海水鱼，多活动于珊瑚礁丰茂的地区，觅食珊瑚和岩礁上的藻类，是珊瑚礁生态系统中重要的一类消费者。短吻鼻鱼不仅可以清除珊瑚礁上的藻类，调节珊瑚和藻类的竞争关系，还能根据水的质量变换身体颜色、监控环境水质，所以可作为珊瑚礁生态环境指示物种，在人工修复岛礁的后期恢复时投入养殖。

颊吻鼻鱼
Naso lituratus

刺尾鱼科 Acanthuridae
鼻鱼属 *Naso*

【形态特征】颊吻鼻鱼又称黑背鼻鱼。体呈卵圆形且侧扁，不随年龄而改变；尾柄部有 2 个盾状骨板，各有 1 个龙骨突。头小，头背斜直，成鱼的前头部无角状突起，亦无瘤状突起。口小，端位，上下颌各具 1 列齿，齿稍侧扁且略圆，两侧或有锯状齿。背鳍及臀鳍硬棘尖锐，分别具 VI 棘及 II 棘，各鳍条皆不延长；尾鳍呈弯月形，雄性成鱼的上下鳍条延长为丝状。体色为灰褐色，眼后方及上方另具 1 个黄色区块，眼下缘至口角有 1 条黄色带，鼻孔边缘呈白色，唇部为橘黄色。背鳍内侧为黑色，外侧为乳白色；臀鳍与体侧同色，但幼鱼时为橘黄色或黄色；尾鳍为黑褐色且具黄色光泽，尾柄棘为橘黄色。

【生态生境】栖息于珊瑚礁、岩礁区或碎石底的潟湖区，常于礁区上方或中水层活动，栖息深度在 90m 以内。以浮游动物和藻类为食。

【地理分布】印度洋，太平洋。西起红海，非洲东部海域，东至土阿莫土群岛，北至日本，南至澳大利亚大堡礁及新加勒多尼亚。我国台湾除西部海域外的其余各地海域及离岛礁岸，南海。

【GenBank】KY371778

【保护等级】least concern（无危）

【生态与应用价值】颊吻鼻鱼为一类泛珊瑚礁区域的热带海水鱼，多活动于珊瑚礁丰茂的地区，觅食珊瑚和岩礁上的藻类及浮游动物，是珊瑚礁生态系统中重要的一类消费者。颊吻鼻鱼可以清除珊瑚礁上的藻类，具有调节珊瑚和藻类竞争关系的作用；还捕食小型鱼类和浮游动物，能有效维持珊瑚礁生态系统的平衡稳定。

丝尾鼻鱼
Naso vlamingii

刺尾鱼科 Acanthuridae
鼻鱼属 *Naso*

【形态特征】丝尾鼻鱼又称丝条盾尾鱼。体呈长卵形且侧扁；尾柄上有 2 个盾状骨板，各发展成一向前生且具粗短尖锐的龙骨突。头小，头背为弧形，随着成长成鱼的前头部无角状突起，亦无瘤状突起，但吻突出于上颌。口小，端位，上下颌各具 1 列齿，齿稍侧扁且尖锐，两侧或有锯状齿。背鳍及臀鳍硬棘尖锐，分别具 V 棘及 II 棘，各鳍条皆不延长，分别为 26 枚或 27 枚及 26-29 枚；尾鳍截平或内凹，上下叶缘延长如丝。体呈黑褐色，头部有暗蓝色细点，眼前具蓝纵斑，吻部具蓝环带，体侧则具不规则且排列紧密的暗蓝色垂直纹，垂直纹上下部散布许多暗蓝色细点。背鳍、臀鳍及尾鳍上下叶具蓝缘。体长可达 60cm。成鱼有高大的背鳍和臀鳍，侧面有垂直的蓝线，还有小的蓝色斑点。蓝色的宽带从眼睛延伸到突出的鼻子。幼鱼的颜色是一种暗绿色，有蓝色斑点，随成长变成深蓝色和紫色斑纹。作为伪装，丝尾鼻鱼在睡觉或被惊吓的时候会变成棕色。

【生态生境】主要栖息于较深的潟湖区或礁区斜坡海域，栖息深度在 50m 以内。通常独游或成对活动。丝尾鼻鱼主要是草食性鱼类，但会吃一些小型甲壳类动物，如桡足类动物。

【地理分布】印度洋，太平洋。西起非洲东部，东至莱恩群岛、马贵斯及土阿莫土群岛，北至日本南部海域，南至澳大利亚大堡礁及新加勒多尼亚。我国西沙群岛，台湾沿岸海域。

【GenBank】KP194501

【保护等级】least concern（无危）

【生态与应用价值】丝尾鼻鱼为一类泛珊瑚礁区域的热带海水鱼，多活动于珊瑚礁丰茂的地区，是珊瑚礁生态系统中重要的一类消费者。丝尾鼻鱼可以清除珊瑚礁上的藻类，具有调节珊瑚和藻类竞争关系的作用。

黄高鳍刺尾鱼
Zebrasoma flavescens

刺尾鱼科 Acanthuridae
高鳍刺尾鱼属 *Zebrasoma*

【形态特征】黄高鳍刺尾鱼又称黄高鳍刺尾鲷、黄金吊。体呈卵圆形且侧扁。口小，端位，上下颌齿较大，齿固定不可动，扁平，边缘具缺刻。背鳍及臀鳍硬棘尖锐，分别具Ⅴ棘及Ⅲ棘，前方鳍条较后方延长，呈伞形；尾鳍截平。尾棘在尾柄前部，稍可活动。幼鱼及成鱼体、头部及各鳍皆一致呈鲜黄色；胸鳍有狭暗缘；尾柄棘呈白色。体长可达15cm。

【繁殖】以成群或结对方式产卵，雌鱼每月产卵一次，繁殖高峰期为3-9月，有些鱼可全年繁殖。雌鱼每次平均能产4万枚鱼卵，双亲对稚鱼不提供亲代抚育。

【生态生境】岩礁栖居性鱼类，栖息于亚热带珊瑚礁海域和潟湖中，栖息水深1-40m，多活动于珊瑚礁丰茂的地区，幼鱼具有区域性，随着不断长大这一特性逐渐减弱，开始在更广阔的珊瑚礁海域漫游。成鱼独居或结成小群活动，昼行性，白天在海藻间穿梭，夜间它们通常独自栖息于珊瑚礁的间隙中。

【地理分布】太平洋中西部海域。夏威夷，日本海域。我国南海，台湾北部海域。

【GenBank】KC623689

【保护等级】least concern（无危）

【生态与应用价值】黄高鳍刺尾鱼为一类泛珊瑚礁区域的亚热带海水鱼，多活动于珊瑚礁丰茂的地区，觅食礁石上的有机物及海藻，是珊瑚礁生态系统中重要的一类消费者。黄高鳍刺尾鱼体色艳丽，具有很高的观赏价值，在观赏渔业中是著名的展示性鱼类，常见于各大水族馆。目前已有成熟的人工繁育和饲养的报道，人工养殖的黄高鳍刺尾鱼多面向水族观赏市场。

高鳍刺尾鱼
Zebrasoma veliferum

刺尾鱼科 Acanthuridae
高鳍刺尾鱼属 *Zebrasoma*

【形态特征】高鳍刺尾鱼又称高鳍刺尾鲷、大帆倒吊。头部有鲜黄色圆点。从眼睛到尾柄间有 7-9 条棕色和白色相间的环带绕身，在棕色和白色环带上又有数十条浅黄色细环带绕身。体呈卵圆形且侧扁。口小，端位，上下颌齿较大，齿固定不可动，扁平，边缘具缺刻。体色具变异，由深橄榄棕色到几乎全黑，夹有暗黄色的垂直窄斑纹及较宽的白色斑纹。头部色白，散布暗黄色斑点，1 条深棕色垂直斑纹横过眼睛。臀鳍及背鳍与体同色，具有卷曲环状的白色窄斑纹。尾鳍呈棕色，布满暗黄色小斑点。背鳍硬棘Ⅳ或Ⅴ，背鳍鳍条 29-33 枚，臀鳍硬棘Ⅲ，臀鳍鳍条 23-26 枚。体长可达 40cm。

【生态生境】主要栖息于潟湖及珊瑚礁区，多见于水深 5-10m 的海域，通常被发现于水浅且有遮蔽的岩石或珊瑚礁区，有时会出现于水较浑浊的礁区。

【地理分布】印度洋，太平洋海域。所罗门群岛，斐济群岛，夏威夷群岛。印度，日本，菲律宾，马来西亚，澳大利亚，法属波利尼西亚等海域。我国东南部沿海，台湾海域及南海。

【GenBank】HM034288

【保护等级】least concern（无危）

【生态与应用价值】高鳍刺尾鱼为一类泛珊瑚礁区域的热带海水鱼，多活动于珊瑚礁丰茂的地区，觅食珊瑚和岩礁上的藻类及有机碎屑，是珊瑚礁生态系统中重要的一类消费者。高鳍刺尾鱼不仅可以清除珊瑚礁上的藻类和沉积物，调节珊瑚和藻类的竞争关系，还具有较强的环境适应能力，可作为人工修复岛礁的优先恢复工程物种。

小高鳍刺尾鱼
Zebrasoma scopas

刺尾鱼科 Acanthuridae
高鳍刺尾鱼属 *Zebrasoma*

【形态特征】 小高鳍刺尾鱼又称小高鳍刺尾鲷。体呈卵圆形且侧扁。口小，端位，上下颌齿较大，齿固定不可动，扁平，边缘具缺刻。背鳍及臀鳍硬棘尖锐，分别具 V 棘及 III 棘，前方鳍条较后方延长，呈伞形；腹鳍大，呈弧形。尾棘在尾柄前部，稍可活动。幼鱼除体末端、背鳍及臀鳍的末端和整个尾鳍呈黄褐色外，其余部分一致呈鲜黄色，随着成长，从后部往前部逐渐转为黑褐色，头部及体侧前部散布小蓝点，体侧后部则有许多蓝色细纵纹。体长可达 20cm。

【生态生境】 是一类活动于珊瑚礁区的热带海水鱼，珊瑚礁区域习见的种类。栖息于近海沿岸、珊瑚礁和潟湖中，主要以藻类及有机碎屑为食。

【地理分布】 印度洋，太平洋海域。我国东南部沿海，台湾海域及南海。

【GenBank】 JF494800

【保护等级】 least concern（无危）

【生态与应用价值】 小高鳍刺尾鱼为一类泛珊瑚礁区域的热带海水鱼，多活动于珊瑚礁丰茂的地区，觅食珊瑚和岩礁上的藻类及有机碎屑，是珊瑚礁生态系统中重要的一类消费者。小高鳍刺尾鱼可以清除珊瑚礁上的藻类和沉积物，具有调节珊瑚和藻类竞争关系的作用。

青唇栉齿刺尾鱼
Ctenochaetus cyanocheilus

刺尾鱼科 Acanthuridae
栉齿刺尾鱼属 *Ctenochaetus*

【形态特征】青唇栉齿刺尾鱼又称青唇栉齿刺尾鲷。体呈椭圆形且侧扁。头小，口小。体呈浅黄褐色，唇为蓝色，体侧有细纵纹，各鳍呈青色或淡色，背鳍和臀鳍有蓝色缘，尾柄上有尖棘。体长可达 16cm。

【生态生境】是一类活动于珊瑚礁区的热带海水鱼，珊瑚礁区域习见的种类。栖息于近海沿岸、珊瑚礁和潟湖中，主要以藻类及有机碎屑为食。

【地理分布】印度洋，太平洋。东非，红海，留尼汪岛，安达曼群岛，圣诞岛，新喀里多尼亚，马里亚纳群岛，马绍尔群岛，帕劳群岛，密克罗尼西亚联邦，所罗门群岛，斐济群岛，夏威夷群岛，复活节岛。马达加斯加，毛里求斯，科摩罗，塞舌尔，马尔代夫，斯里兰卡，印度，日本，菲律宾，马来西亚，印度尼西亚，新几内亚，泰国，澳大利亚，瓦努阿图，瑙鲁，法属波利尼西亚，基里巴斯，图瓦卢等海域。我国东南部沿海，台湾海域及南海。

【GenBank】AY057300

【保护等级】least concern（无危）

【生态与应用价值】青唇栉齿刺尾鱼为一类泛珊瑚礁区域的热带海水鱼，多活动于珊瑚礁丰茂的地区，觅食珊瑚和岩礁上的藻类及有机碎屑，是珊瑚礁生态系统中重要的一类消费者。青唇栉齿刺尾鱼可以清除珊瑚礁上的藻类和沉积物，具有调节珊瑚和藻类竞争关系的作用。

栉齿刺尾鱼
Ctenochaetus striatus

刺尾鱼科 Acanthuridae
栉齿刺尾鱼属 *Ctenochaetus*

【形态特征】栉齿刺尾鱼又称涟纹栉齿刺尾鲷，正吊。体呈椭圆形且侧扁，尾柄部有盾状骨板。头小，头背部轮廓不特别凸出。口小，端位，上下颌各具刷毛状细长齿，齿可活动，齿端膨大呈扁平状。背鳍及臀鳍硬棘尖锐，分别具Ⅷ棘及Ⅲ棘，各鳍条皆不延长；胸鳍近三角形；尾鳍内凹。体被细栉鳞，沿背鳍及臀鳍基底有密集小鳞。体呈暗褐色，体侧有许多蓝色波状纵线，背鳍、臀鳍鳍膜约有 5 条纵线。体长可达 26cm。

【生态生境】暖水性鱼类，栖息于近海沿岸、珊瑚礁和潟湖中，栖息深度为 3-30m。常成群活动，以藻类和有机碎屑为食。

【地理分布】印度洋。马达加斯加，夏威夷，波利尼西亚，南到澳大利亚海域，北至日本南部海域。我国西沙群岛，南沙群岛，台湾海域等。

【GenBank】KU9449840

【保护等级】least concern（无危）

【生态与应用价值】栉齿刺尾鱼为一类泛珊瑚礁区域的热带海水鱼，多活动于珊瑚礁丰茂的地区，觅食珊瑚和岩礁上的藻类及有机碎屑，是珊瑚礁生态系统中重要的一类消费者。栉齿刺尾鱼可以清除珊瑚礁上的藻类和沉积物，具有调节珊瑚和藻类竞争关系的作用。

弓月蝴蝶鱼
Chaetodon lunulatus

蝴蝶鱼科 Chaetodontidae
蝴蝶鱼属 *Chaetodon*

【形态特征】弓月蝴蝶鱼又称冬瓜蝶。体高且呈椭圆形，头部上方轮廓平直。吻短且略尖。前鼻孔具鼻瓣。前鳃盖缘具细锯齿，鳃盖膜与峡部相连。两颌齿细尖密列，上下颌呈齿带。体被中型鳞片，侧线向上陡升至背鳍第 XIII - XIV 棘下方，向下下降至背鳍基底末缘下方。背鳍单一，臀鳍鳍条18-21 枚。体呈乳黄色；体侧具约 20 条与鳞列相当的紫蓝色纵带；头部为黄色，另具 3 条黑色横带，中间横带即为眼带，窄于眼径，止于喉峡部。背鳍及尾鳍呈灰色，臀鳍呈橘黄色，背鳍鳍条部、臀鳍鳍条部及尾鳍基底均具镶黄边的黑色带，腹鳍呈黄色，胸鳍为淡色。体长可达 15cm。

【生态生境】栖息于潟湖及珊瑚礁区，栖息深度为 3-20m。成鱼通常成对或成群生活于礁体外，幼鱼则生活于珊瑚的枝芽间。

【地理分布】东南亚热带海域。我国南海，台湾海域。

【GenBank】KP194991

【保护等级】least concern（无危）

【生态与应用价值】弓月蝴蝶鱼为一类泛珊瑚礁区域的海水鱼，多活动于珊瑚礁丰茂的地区，该鱼只以珊瑚虫为食，控制珊瑚礁种群平衡，是珊瑚礁生态系统中重要的一类消费者。弓月蝴蝶鱼体色艳丽，具有很高的观赏价值，常见于各大水族馆。

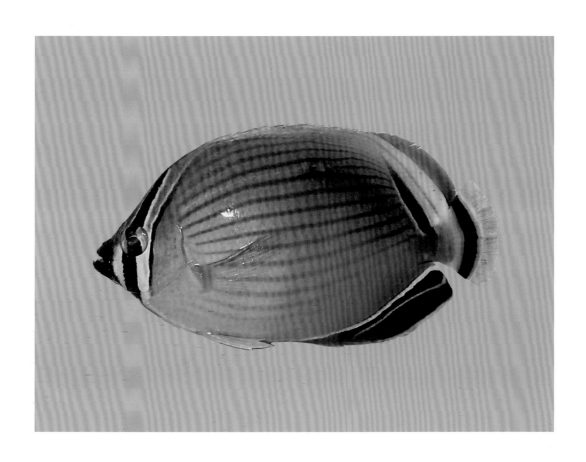

黑背蝴蝶鱼
Chaetodon melannotus

蝴蝶鱼科 Chaetodontidae
蝴蝶鱼属 *Chaetodon*

【形态特征】黑背蝴蝶鱼又称太阳蝶。体高且呈卵圆形，头部上方轮廓平直。吻尖，但不延长为管状。前鼻孔具鼻瓣。前鳃盖缘具细锯齿，鳃盖膜与峡部相连。两颌齿细尖密列，上下颌齿各 6 或 7 列。体被中型鳞片，圆形，全为斜上排列，侧线向上陡升至背鳍第 IX 棘下方，向下下降至背鳍基底末缘下方。背鳍单一，硬棘 XII，鳍条20 或 21 枚；臀鳍硬棘 III，鳍条 17 或 18枚。体呈淡黄色，背部呈黑色，体侧具 21或 22 条斜向后上方的暗色纹，头部镶黄缘的黑色眼带窄于眼径，仅延伸至喉峡部。各鳍为金黄色；胸鳍为淡色，仅基部为黄色；尾鳍前半部呈黄色，后半部呈灰白色，中间具黑纹。幼鱼尾柄上具眼点，随着成长逐渐散去。体长可达 15cm。

【生态生境】栖息于潟湖及珊瑚礁区，栖息深度为 4-20m。通常成对或成群活动，以珊瑚虫和浮游动物为食。

【地理分布】印度洋，太平洋海域。西起红海、东非沿岸，东至萨摩亚群岛，北至日本南部海域，南至豪勋爵岛，密克罗尼西亚联邦。我国东南部沿海，南海。

【GenBank】KY371321

【保护等级】least concern（无危）

【生态与应用价值】黑背蝴蝶鱼为一类泛珊瑚礁区域的海水鱼，多活动于珊瑚礁丰茂的地区，控制珊瑚礁种群平衡，是珊瑚礁生态系统中重要的一类消费者。黑背蝴蝶鱼体色艳丽，具有很高的观赏价值，常见于各大水族馆。

橙带蝴蝶鱼
Chaetodon ornatissimus

蝴蝶鱼科 Chaetodontidae
蝴蝶鱼属 *Chaetodon*

【形态特征】橙带蝴蝶鱼又称华丽蝴蝶鱼、斜纹蝶。体高且呈椭圆形；头部上方轮廓平直。吻尖，但不延长为管状。前鼻孔具鼻瓣。前鳃盖缘具细锯齿，鳃盖膜与峡部相连。两颌齿细尖密列，上下颌齿各具9-12列。体被小型鳞片，多为圆形；侧线向上陡升至背鳍第Ⅸ-Ⅹ棘下方，向下下降至背鳍基底末缘下方。体呈白色至灰白色，头部、体背部及体腹部呈黄色，体侧具6条斜向后上方呈灯色至黄褐色的横带，头部具窄于眼径的眼带，眼间隔呈黑色，吻部亦有1条向下的短黑带，下唇亦为黑色。奇鳍具黑色缘；胸鳍、腹鳍呈黄色；

尾鳍中间与末端各具一黑色带。体长可达20cm。

【生态生境】栖息深度为1-36m，栖息于清澈的潟湖及面海的珊瑚礁区。通常成鱼成对或家族聚集生活，幼鱼生活于珊瑚枝芽间。

【地理分布】印度洋，太平洋。西起斯里兰卡，东至夏威夷、马克萨斯群岛，北至日本南部，南至豪勋爵岛和拉帕岛，遍布密克罗尼西亚联邦。

【GenBank】KU944239

【保护等级】least concern（无危）

【生态与应用价值】橙带蝴蝶鱼为一类泛珊瑚礁区域的海水鱼，多活动于珊瑚礁丰茂的地区，只以珊瑚虫为食，控制珊瑚礁种群平衡，是珊瑚礁生态系统中重要的一类消费者。橙带蝴蝶鱼体色艳丽，具有很高的观赏价值，常见于各大水族馆。

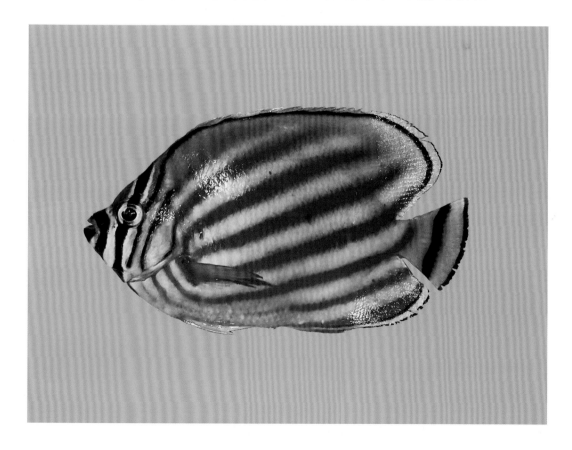

丝蝴蝶鱼
Chaetodon auriga

蝴蝶鱼科 Chaetodontidae
蝴蝶鱼属 *Chaetodon*

【形态特征】丝蝴蝶鱼又称扬旛蝴蝶鱼、人字蝶。该鱼常巡游海面，成鱼背鳍常露出水面。吻尖突，具黑眼带，但眼上方颜色淡，体前 3/4 为白色，体后 1/4 则为黄色，其明显特征是自背鳍延伸向头部的暗色斜线有 5 条，而体下方的斜线则有 10 条。各鳍呈金黄色，比体色略深，背鳍鳍条中央有一黑色斑点，成鱼在斑点上方有一延长呈丝状的鳍条，幼鱼没有。背鳍硬棘XII或XIII、鳍条 22-25 枚；臀鳍硬棘III、鳍条 19-21 枚。体长可达 24cm。

【生态生境】多生活在珊瑚礁、礁石区中，成对或成群游动。属杂食性鱼类，以珊瑚虫、多毛类、甲壳类及腹足类等为食。

【地理分布】印度洋，太平洋。西起斯里兰卡，东至夏威夷、马克萨斯群岛和迪西岛，北至日本南部，南至豪勋爵岛和拉帕岛，遍布密克罗尼西亚联邦。

【GenBank】KU944205

【保护等级】least concern（无危）

【生态与应用价值】丝蝴蝶鱼为一类泛珊瑚礁区域的海水鱼，多活动于珊瑚礁丰茂的地区，控制珊瑚礁种群平衡，是珊瑚礁生态系统中重要的一类消费者。丝蝴蝶鱼体色艳丽，具有很高的观赏价值，常见于各大水族馆。

新月蝴蝶鱼
Chaetodon lunula

蝴蝶鱼科 Chaetodontidae
蝴蝶鱼属 *Chaetodon*

【形态特征】新月蝴蝶鱼又称月斑蝴蝶鱼、月眉蝶。体高且呈卵圆形，头部上方轮廓平直。吻尖，但不延长为管状。前鼻孔具鼻瓣。前鳃盖缘具细锯齿，鳃盖膜与峡部相连。两颌齿细尖密列，上下颌齿各5-7列。体被中大型鳞片，侧线向上陡升至背鳍第Ⅸ棘下方，向下下降至背鳍基底末缘下方。背鳍单一，硬棘Ⅻ或ⅩⅢ，鳍条24-26枚；臀鳍硬棘Ⅲ，鳍条18-20枚。体呈黄色至黄褐色；体侧于胸鳍上方至背鳍第Ⅴ硬棘基部具有1条斜的黑色带，腹鳍前方至背部后方有黑点，形成6-10列斜点带纹；头部黑色眼带略宽于眼径，但仅向下延伸至鳃盖缘，眼带后方另具一宽白带。幼鱼尾柄及背鳍鳍条各具一黑点，且尾鳍近基部有黑线纹，随着成长，背鳍鳍条的黑点及尾鳍近基部的黑线纹逐渐消失，尾柄的黑点向上扩展，沿背鳍鳍条基底形成一狭带。成鱼背鳍及臀鳍具黑缘；腹鳍呈黄色；胸鳍呈淡色；尾鳍呈黄色，末端具黑纹且有白缘。体长可达23cm。

【生态生境】栖息于潮池、珊瑚礁区、岩石礁区、海藻区或石砾区。是夜行性蝶鱼，白天大都停留在礁石间。单独、成对或成群移动一段长距离去觅食。杂食性，以小型无脊椎动物、珊瑚虫、海葵及藻类碎片为食。

【地理分布】印度洋，太平洋。我国南海，台湾的岩礁及珊瑚礁海域。

【GenBank】KY371320

【保护等级】least concern（无危）

【生态与应用价值】新月蝴蝶鱼为一类泛珊瑚礁区域的海水鱼，多活动于珊瑚礁丰茂的地区，觅食珊瑚和岩礁上的藻类、有机碎屑及小型浮游生物等，是珊瑚礁生态系统中重要的一类消费者。新月蝴蝶鱼不仅可以调节平衡珊瑚礁生态系统中各生物间的关系，还具有较强的环境适应能力，可作为人工修复岛礁的优先恢复工程物种。

金口马夫鱼
Heniochus chrysostomus

蝴蝶鱼科 Chaetodontidae
马夫鱼属 *Heniochus*

【形态特征】金口马夫鱼又称三带立旗鲷。体甚侧扁，背缘高且隆起，略呈三角形。头短小。吻尖突，不呈管状。前鼻孔后缘具鼻瓣。上下颌约等长，两颌齿细尖。体被中大弱栉鳞，头部、胸部与鳍具小鳞，吻端无鳞。背鳍连续，硬棘 XI 或 XII，鳍条 21 或 22 枚，第 IV 棘特别延长；臀鳍硬棘 III，鳍条 17 或 18 枚。体呈银白色，体侧具 3 条黑横带，第 1 条黑横带自头背部向下覆盖眼、胸鳍基部及腹鳍，第 2 条黑横带自背鳍第 IV - V 硬棘向下延伸至臀鳍后部，第 3 条黑横带则大约自背鳍第 IX - XII 硬棘向下延伸至尾鳍基部；吻部背面呈灰黑色；背鳍鳍条及尾鳍呈淡黄色，臀鳍鳍条具眼点，胸鳍基部及腹鳍呈黑色。体长可达 25cm。

【生态生境】栖息于潟湖及珊瑚礁区。通常聚集成小群活动于珊瑚礁丰茂的地区，摄食各类有机碎屑及藻类等。

【地理分布】印度洋，太平洋。西起印度西部，东至皮特凯恩群岛，北至日本南部，南至澳大利亚昆士兰州南部及新喀里多尼亚。我国南海，台湾南部、东部海域及绿岛，兰屿。

【GenBank】KU892920

【保护等级】least concern（无危）

【生态与应用价值】金口马夫鱼为一类泛珊瑚礁区域的热带海水鱼，多活动于珊瑚礁丰茂的地区，觅食珊瑚和岩礁上的藻类及有机碎屑，是珊瑚礁生态系统中重要的一类消费者。金口马夫鱼可在调节平衡珊瑚礁生态系统中珊瑚和藻类的关系中发挥重要的作用。

马夫鱼
Heniochus acuminatus

蝴蝶鱼科 Chaetodontidae
马夫鱼属 *Heniochus*

【形态特征】马夫鱼又称白吻双带立旗鲷。体甚侧扁，背缘高且隆起，略呈三角形。头短小，吻尖突，不呈管状，前鼻孔后缘具鼻瓣。上下颌约等长，两颌齿细尖。体被中大弱栉鳞，头部、胸部与鳍具小鳞，吻端无鳞。背鳍连续，硬棘XI或XII，鳍条24-27枚，第IV棘特别延长；臀鳍硬棘III，鳍条17-19枚。体呈银白色；体侧具2条黑横带，第1条黑横带自背鳍起点下方延伸至腹鳍，第2条黑横带则大约自背鳍第VI - VIII硬棘向下延伸至臀鳍后部；头顶呈灰黑色；两眼间具黑色眼带；吻部背面呈灰黑色。背鳍鳍条及尾鳍呈黄色，胸鳍基部及腹鳍呈黑色。体长可达25cm。

【繁殖】马夫鱼产下的鱼卵具有浮性，顺水流漂向水面。在29℃的水温中，鱼卵孵化耗时18-30h，孵化后的柳叶状稚鱼继续保持浮游状态，在以后几周到几个月的时间里，其骨板不断生长发育，其后进入幼鱼阶段。

【生态生境】为暖水性小型珊瑚礁鱼，栖息于潟湖及珊瑚礁区，摄食有机碎屑及珊瑚虫等。

【地理分布】印度洋，太平洋。我国南海。

【GenBank】KX618189

【保护等级】least concern（无危）

【生态与应用价值】马夫鱼为一类泛珊瑚礁区域的热带海水鱼，多活动于珊瑚礁丰茂的地区，觅食珊瑚和岩礁上的有机碎屑及珊瑚虫等，是珊瑚礁生态系统中重要的一类消费者。马夫鱼不仅可以调节平衡珊瑚礁生态系统中各生物间的关系，还具有较强的环境适应能力，可作为人工修复岛礁的优先恢复工程物种。

蜂巢石斑鱼
Epinephelus merra

鮨科 Serranidae
石斑鱼属 *Epinephelus*

【形态特征】 蜂巢石斑鱼又称网纹石斑鱼、蜂巢格仔、六角格仔、蝴蝶斑、牛屎斑。体呈浅褐色，密被深褐色蜂巢状斑点，腹部斑点间隙较背部更大，各鳍均有与身体一样的斑点。体呈长椭圆形，侧扁且粗壮。头背部斜直，眶间区平坦或略凸。眼小，短于吻长。口大，上下颌前端或具小犬齿，两侧齿细尖，下颌2-4列，前鳃盖骨后缘具锯齿，下缘光滑，鳃盖骨后缘具3扁棘。体被细小栉鳞。背鳍鳍棘部与鳍条部相连，无缺刻，具XI鳍棘和15-17枚鳍条，腹鳍腹位，末端延伸不及肛门开口；胸鳍呈圆形，中间的鳍条长于上下方的鳍条，且长于腹鳍，但短于后眼眶长；尾鳍呈圆形。体长可达31cm。

【生态生境】 是一种非常常见的小型石斑鱼，属于暖水性底层鱼类，多生活在岩礁底质海区，常栖息于沿海岛屿附近的岩礁间、珊瑚礁的岩穴或缝隙中。一般为夜行性，利用其嗅觉寻觅食物，白天则隐藏于岩穴内。肉食性，以小型鱼类和无脊椎动物为食。

【地理分布】 热带印度洋，太平洋浅水海域。我国南海，澎湖列岛等海域。

【GenBank】 KY371487

【保护等级】 least concern（无危）

【生态与应用价值】 蜂巢石斑鱼为一类泛珊瑚礁区域的海水鱼，多活动于珊瑚礁丰茂的地区，觅食珊瑚礁中小型鱼类和无脊椎动物等，是珊瑚礁生态系统中重要的一类消费者。蜂巢石斑鱼不仅可以控制珊瑚礁生态系统中各小型鱼类的数量，维持珊瑚礁生态系统的平衡，还具有较强的环境适应能力，可作为人工修复岛礁的优先恢复工程物种。

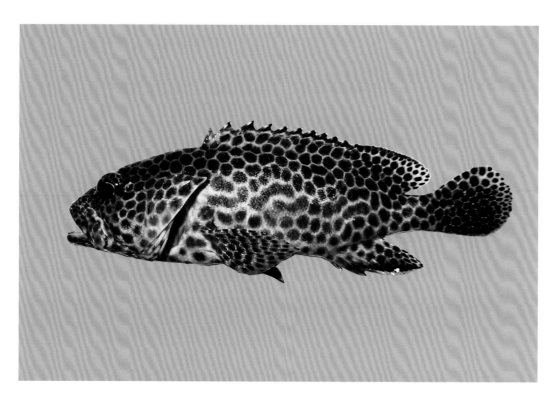

黑边石斑鱼
Epinephelus fasciatus

鮨科 Serranidae
石斑鱼属 *Epinephelus*

【形态特征】黑边石斑鱼又称横带石斑鱼、赤石斑鱼。体呈长椭圆形，侧扁且粗壮，标准体长为体高的 2.8-3.3 倍。头背部斜直，眶间区微凸。眼小，短于吻长。口大，上下颌前端具小犬齿或无，两侧齿细尖，下颌 2-4 列。鳃耙数为（6-8）+（15-17）。前鳃盖骨后缘具锯齿，下缘光滑。鳃盖骨后缘具 3 扁棘。体被细小栉鳞；侧线鳞孔数为 49-75；纵列鳞数为 92-135。背鳍鳍棘部与鳍条部相连，无缺刻，具硬棘 XI，鳍条 15-17 枚；臀鳍硬棘 III，鳍条 8；腹鳍腹位，末端延伸不及肛门开口；胸鳍呈圆形，中间的鳍条长于上下方的鳍条，且长于腹鳍，但短于后眼眶长；尾鳍呈圆形。体呈浅橘红色，具有 6 条深红色横带；背鳍硬棘间膜的前端具黑色的三角形斑；棘的顶端处有时具淡黄色或白色斑；背鳍鳍条、臀鳍、尾鳍有时具淡黄色后缘。体长可达 40cm。

【生态生境】是一种常见的暖水性鱼类，栖息于珊瑚礁和沿岸岩礁中。肉食性，以小型鱼类和无脊椎动物为食。

【地理分布】热带印度洋，太平洋中部及西部。我国南海。

【GenBank】EU541344

【保护等级】least concern（无危）

【生态与应用价值】黑边石斑鱼为一类泛珊瑚礁区域的海水鱼，多活动于珊瑚礁区，觅食珊瑚礁中小型鱼类和无脊椎动物，是珊瑚礁生态系统中重要的一类消费者。黑边石斑鱼不仅可以控制珊瑚礁生态系统中各小型鱼类的数量，维持珊瑚礁生态系统的平衡，其还因具有较强的环境适应能力，可作为人工修复岛礁的优先恢复工程物种。

斑点九棘鲈
Cephalopholis argus

鮨科 Serranidae
九棘鲈属 *Cephalopholis*

【形态特征】斑点九棘鲈又称斑点九刺鮨、眼斑鲙。体呈褐色或黑紫色，全身布满有黑圈的蓝色斑点。体呈椭圆形，侧扁，眼小，口大，口裂且略倾斜，上颌骨的末端延伸至眼后下方。尾鳍呈圆形，背鳍、臀鳍、胸鳍和尾鳍边缘均为白色。体被细小栉鳞，侧线鳞孔数 46-51，纵列鳞数 95-110。背鳍硬棘Ⅳ，鳍条 15-17 枚。臀鳍硬棘Ⅲ，鳍条 9 枚。腹鳍腹位，臀鳍第 2 棘较第 3 棘略长。体长可达 55cm。

【生态生境】栖息在热带珊瑚礁区，水深为 10-40m，为热带珊瑚礁的常见鱼类，肉食性，以小型鱼类和其他底栖动物为食。

【地理分布】印度洋非洲东岸至太平洋中部。红海，东非，豪勋爵岛，小笠原群岛。澳大利亚，法属波利尼西亚，日本南部海域。我国南海诸岛，澎湖列岛，台湾恒春半岛等沿岸海域。

【GenBank】KU668641

【保护等级】least concern（无危）

【生态与应用价值】斑点九棘鲈为一类泛珊瑚礁区域的海水鱼，多活动于珊瑚礁的地区，觅食珊瑚礁中小型鱼类和其他底栖动物，是珊瑚礁生态系统中重要的一类消费者。斑点九棘鲈可以控制珊瑚礁生态系统中各小型鱼类的数量，维持珊瑚礁生态系统的平衡。

六斑九棘鲈
Cephalopholis sexmaculata

鮨科 Serranidae
九棘鲈属 *Cephalopholis*

【形态特征】六斑九棘鲈又称六斑鲙。体呈长椭圆形，侧扁，标准体长为体高的 2.65-3.05 倍。头背部斜直，眶间区微凹陷。眼小，短于吻长。口大；上颌稍能活动，可向前伸出，末端延伸至眼后缘的下方；上下颌前端具小犬齿；下颌内侧齿尖锐，排列不规则；腭骨具绒毛状齿。前鳃盖缘呈圆形，幼鱼时尚可见锯齿缘，成鱼后则平滑；下鳃盖及间鳃盖微具锯齿，但埋于皮下。体被细小栉鳞，侧线鳞孔数为 49-54，纵列鳞数为 95-108。背鳍连续，有硬棘 IX，鳍条 14-16 枚；臀鳍硬棘 III，鳍条 9 枚；腹鳍腹位，末端不及肛门开口；胸鳍呈圆形，中间的鳍条长于上下方的鳍条，且长于腹鳍，但约等长于后眼眶长；尾鳍呈圆形。体呈橘红色；体侧、头部及奇鳍散布蓝色小斑点，头部及奇鳍上的蓝色斑点较为密集；且头部上的蓝色斑点延长呈线状。体侧具 4 条暗色横带，但常不显著，而横带于背鳍基部呈黑色，形成 4 个黑色大斑块；尾柄背侧另有 2 个较小的黑色斑块。体长可达 50cm。

【生态生境】栖息于水深 6-150m 的礁石区，夜间巡游于浅海，日间则游至深海。性害羞，常见其躲于洞穴中或外礁斜坡边。

【地理分布】印度洋和太平洋的热带及亚热带海域。我国南海，台湾南部沿岸海域。

【GenBank】KU668622

【保护等级】least concern（无危）

【生态与应用价值】六斑九棘鲈为一类泛珊瑚礁区域的海水鱼，多活动于珊瑚礁区，觅食珊瑚礁中小型鱼类和其他底栖动物，是珊瑚礁生态系统中重要的一类消费者。六斑九棘鲈可以控制珊瑚礁生态系统中各小型鱼类的数量，维持珊瑚礁生态系统的平衡。

尾纹九棘鲈
Cephalopholis urodeta

鮨科 Serranidae
九棘鲈属 *Cephalopholis*

【形态特征】尾纹九棘鲈又称尾纹九刺鮨、霓鲙。头大，口大，颌稍能活动，可向前伸出，末端延伸至眼后缘的下方，锄骨和腭骨具绒毛状齿。背鳍鳍棘部和鳍条部相连，无缺刻，第Ⅰ鳍棘稍短，其鳍棘及鳍条约等长。臀鳍与背鳍鳍条部相对，第Ⅱ鳍棘较为强大。该鱼因尾部具2条白色斜带极易辨识，体前半部呈鲜红色，后半部较暗，有时也会变成暗色斑驳。尾鳍呈圆形；背鳍连续，有硬棘Ⅳ，鳍条14-16；臀鳍硬棘Ⅲ，鳍条9。体侧有时具细小淡斑及6条不显著的不规则横带。背鳍及臀鳍鳍条部具许多细小橘红色点，鳍膜具橘色缘，腹鳍呈橘红色且具蓝色缘，体被细小栉鳞，侧线鳞孔数为54-68，纵列鳞数为88-108。体长可达20cm。

【生态生境】栖息于珊瑚礁浅水区域，为礁区常见的肉食者，白天在礁区巡游，猎食其他鱼类。

【地理分布】北太平洋西部。我国东南部沿海，南海诸岛。

【GenBank】KU686889

【保护等级】least concern（无危）

【生态与应用价值】尾纹九棘鲈为一类泛珊瑚礁区的海水鱼，多活动于珊瑚礁的地区，觅食珊瑚礁中小型鱼类和其他底栖动物等，是珊瑚礁生态系统中重要的一类消费者。尾纹九棘鲈可以控制珊瑚礁生态系统中各小型鱼类的数量，维持珊瑚礁生态系统的平衡。

白线光腭鲈
Anyperodon leucogrammicus

鮨科 Serranidae
光腭鲈属 *Anyperodon*

【形态特征】白线光腭鲈又称白线鮨、白线鲈。体侧扁，头尾尖，口大，体色变化大，身体大部分呈褐色，布满橘色的斑点，5条白色的横线横贯全身。体长可达 65cm。

【生态生境】属于热带珊瑚礁鱼类，它们通常生活在珊瑚礁区，常栖息在水质清澈、石珊瑚较多的海域。性情凶猛，肉食性，以小型鱼类和其他底栖动物为食。

【地理分布】印度洋中部—太平洋密克罗尼西亚联邦海域。我国南海。

【GenBank】KU366477

【保护等级】least concern（无危）

【生态与应用价值】白线光腭鲈为一类泛珊瑚礁区域的海水鱼，多活动于珊瑚礁区，觅食珊瑚礁中小型鱼类和其他底栖动物等，是珊瑚礁生态系统中重要的一类消费者。白线光腭鲈可以控制珊瑚礁生态系统中各小型鱼类的数量，维持珊瑚礁生态系统的平衡。

白条双锯鱼
Amphiprion frenatus

雀鲷科 Pomacentridae
双锯鱼属 *Amphiprion*

【形态特征】白条双锯鱼又称红番茄、番茄小丑、红小丑、白条海葵鱼。体呈椭圆形且侧扁，吻短，体呈橘红色，眼后有白色具黑缘的宽带。白条双锯鱼有很强的领域性，它们与海葵有明显的互利共生关系，海葵提供庇护场所，保护其免遭其他鱼类的捕食和伤害，而它们自身分泌的一种特殊黏液可以使自己自由地穿梭游动在海葵中而免受海葵毒素的伤害。同时，白条双锯鱼在游动时产生的水流可以清洁海葵。

【繁殖】有性逆转的现象，且有一雌一雄的繁殖习性，在一个种群中，雄鱼先成熟，雌鱼由雄鱼转变而来，这一性转变过程是不可逆的，当雌鱼死亡后，雄鱼才会迅速转化成雌鱼。雌鱼在社会群体中占主导地位，亲鱼对幼鱼的生长有抑制作用。

【生态生境】是一种典型的小型热带海水鱼类，活动于珊瑚礁区，觅食各类有机碎屑及小型无脊椎动物，为杂食性鱼类，与海葵有明显的共生关系，平日躲藏于海葵中。

【地理分布】西太平洋珊瑚礁海域。泰国湾—帕劳群岛西南部，北至日本南部海域，南至印度尼西亚爪哇岛海域。我国南海。

【GenBank】LC160093

【保护等级】least concern（无危）

【生态与应用价值】白条双锯鱼为一类泛珊瑚礁区域的热带海水鱼，多活动于珊瑚礁丰茂的地区，觅食珊瑚和岩礁上的有机碎屑和小型无脊椎动物。其与腔肠动物中的海葵共生，以海葵为行动的领域，它们的食物残渣可作为海葵的食物，是珊瑚礁生态系统中重要的一类消费者，对维持珊瑚礁生态系统稳定发挥着重要作用。

克氏双锯鱼
Amphiprion clarkii

雀鲷科 Pomacentridae
双锯鱼属 *Amphiprion*

【形态特征】 克氏双锯鱼又称克氏海葵鱼、棕色海葵鱼、双带小丑。体呈椭圆形且侧扁，标准体长为体高的 1.7-2.0 倍。吻短且钝，眼中大，上侧位。口小，上颌骨末端不及眼前缘；齿单列，呈圆锥状。眶下骨及眶前骨具放射性锯齿；各鳃盖骨后缘皆具锯齿。体被细鳞。背鳍单一，鳍条部不延长，呈圆形，硬棘 X 或 XI，鳍条 15-17 枚；臀鳍硬棘 II，鳍条 12-15 枚；胸鳍鳍条 18-21 枚；雄鱼尾鳍呈截形，其末端呈尖形，雌鱼尾鳍呈叉形，其末端呈角形。体一般呈黄褐色至黑色，体侧具 3 条白色宽带；胸鳍及尾鳍呈淡色，其余鳍色不定，呈暗色、黄色或淡色。它们自身分泌的一种特殊黏液可以使自己自由地穿梭游动在海葵中而免受海葵毒素的伤害。

【繁殖】 有性逆转的现象，且有护巢、护卵的习性。

【生态生境】 是一种典型的小型热带海水鱼，生活于热带珊瑚礁海域。与海葵有明显的伴生关系，平日躲藏于海葵中。该鱼以有机碎屑、藻类和浮游生物为食。

【地理分布】 印度洋—西太平洋。波斯湾—密克罗尼西亚联邦，包括印度—澳大利亚群岛，日本南部沿岸海域。我国南海，台湾沿岸海域。

【GenBank】 KP194708

【保护等级】 threatened（濒危）

【生态与应用价值】克氏双锯鱼为一类泛珊瑚礁区域的热带海水鱼，多活动于珊瑚礁丰茂的地区，觅食珊瑚和岩礁上的有机碎屑、藻类及浮游生物。克氏双锯鱼与腔肠动物中的海葵共生，以海葵为行动的领域，食物残渣可作为海葵的食物，是珊瑚礁生态系统中重要的一类消费者，对维持珊瑚礁生态系统稳定发挥着重要作用。

眼斑双锯鱼
Amphiprion ocellaris

雀鲷科 Pomacentridae
双锯鱼属 *Amphiprion*

【形态特征】眼斑双锯鱼又称眼斑海葵鱼、公子小丑。体呈椭圆形且侧扁，吻短且钝，眼中大，上侧位。口小，上颌骨末端不及眼前缘；齿单列，呈圆锥状。眶下骨及眶前骨具放射性锯齿，各鳃盖骨后缘皆具锯齿。体被细鳞；侧线的有孔鳞片 34-48 个。背鳍单一，鳍条部不延长而略呈圆形，硬棘 X 或 XI，鳍条 13-17 枚；臀鳍硬棘 II，鳍条 11-13 枚；胸鳍鳍条 15-18 枚；雄、雌鱼尾鳍皆呈圆形。体一致呈橘红色；体侧具 3 条白色宽带，眼后白色宽带呈半圆弧形；背鳍下方的白色宽带呈三角形；尾柄上有白色宽带。眼斑双锯鱼有很强的领域性，与海葵有明显的互利共生关系。自身分泌的一种特殊黏液可以使自己自由地穿梭游动在海葵中而免受海葵毒素的伤害。体长可达 11cm。

【繁殖】眼斑双锯鱼属海葵鱼亚科，这一鱼类具有雄性先成熟的雌雄同体特征，也即所有个体首先发育成雄性，而后个别再变异为雌性。一对成鱼和几条幼鱼可以驻留在一株海葵家园内，如果成年雌鱼离开或死亡，最大的雄鱼变异为雌鱼并接替它的位置，未发育成熟的较大幼鱼将转变为成年雄鱼。雌鱼对雄鱼的主导具有攻击性，并控制培养继任雌鱼。最大雄鱼轮流支配幼鱼并防止其他雄鱼产卵。

栖息在热带海域的眼斑双锯鱼可全年繁殖，冬季分布于偏北海域的则有局限性。产卵集中在满月前后，通常在早晨，该情况可能的原因包括强流对幼鱼分布的影响、无脊椎动物产卵带来更丰富的食物供应及整体安全性的增加。

产卵即将开始时，雄鱼追逐雌鱼至巢穴，雌鱼在巢穴边往返游动，最终在离

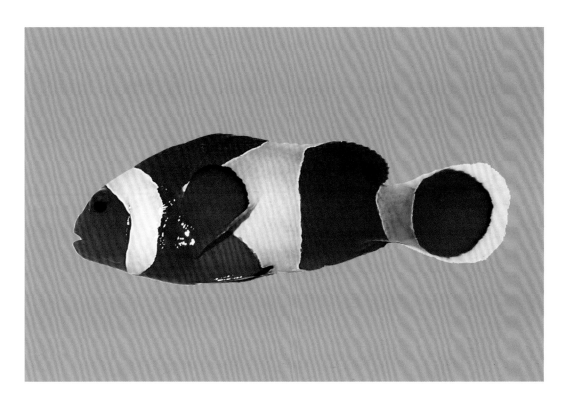

开前的 1-2h 排出 3-4mm 长的橙色鱼卵，有 100-1000 枚。其后雄鱼继续在卵上游动，使之受精。卵的孵化受水温影响，较冷水中的孵化期也较长，孵化过程一般需 6-8d。孵化后的柳叶状稚鱼阶段持续 8-12d，其间稚鱼会返回水底并寻找新的海葵栖息地。

【生态生境】主要栖息于珊瑚礁中，与海葵有明显的伴生关系，平日躲藏于海葵中。以藻类和浮游生物为食。

【地理分布】印度洋—西太平洋。安达曼海。马来西亚，新加坡，日本南部，印度尼西亚，菲律宾，澳大利亚北部等海域。我国南海，台湾沿岸海域。

【GenBank】 KC539233

【保护等级】 least concern（无危）

【生态与应用价值】眼斑双锯鱼为一类泛珊瑚礁区域的热带海水鱼，多活动于珊瑚礁丰茂的地区，觅食珊瑚和岩礁上的有机碎屑及浮游生物。该鱼与腔肠动物中的海葵共生，以海葵为行动的领域，食物残渣可作为海葵的食物，是珊瑚礁生态系统中重要的一类消费者，对维持珊瑚礁生态系统稳定发挥着重要作用。

黑尾宅泥鱼
Dascyllus melanurus

雀鲷科 Pomacentridae
宅泥鱼属 *Dascyllus*

【形态特征】黑尾宅泥鱼又称黑尾圆雀鲷。体呈圆形且侧扁，标准体长为体高的1.5-1.7倍。吻短且钝圆。口中型；两颌齿小且呈圆锥状，靠外缘的齿列渐大且齿端背侧有不规则的绒毛带。眶前骨具鳞，眶下骨具鳞，下缘具锯齿；前鳃盖骨后缘多少呈锯齿。体被栉鳞；侧线的有孔鳞片15-17个。鳃耙数为25-27。背鳍单一，鳍条部不延长而呈角形，硬棘Ⅻ，鳍条12或13枚；臀鳍硬棘Ⅱ，鳍条12或13枚；胸鳍鳍条18或19枚；尾鳍呈叉形，上下叶末端略呈圆形。体呈白色，体侧具3条黑色横带；唇呈暗色或白色；尾鳍前1/3处呈灰白色，后2/3处呈黑色；腹鳍呈黑色；胸鳍透明。体长可达8cm。

【生态生境】栖息于珊瑚礁中，水深1-10m。

【地理分布】西太平洋苏门答腊。北至南至新喀里多尼亚等海域。我国南海，台湾南部沿岸海域。

【GenBank】FJ583330

【保护等级】unknown（未知）

【生态与应用价值】黑尾宅泥鱼为一类泛珊瑚礁区域的热带海水鱼，多活动于珊瑚礁丰茂的地区，觅食珊瑚和岩礁上的藻类多种浮游动物，是珊瑚礁生态系统中重要的一类消费者。黑尾宅泥鱼可在调节平衡珊瑚礁生态系统中珊瑚和藻类的关系中发挥重要的作用。

副刻齿雀鲷
Chrysiptera parasema

雀鲷科 Pomacentridae
刻齿雀鲷属 *Chrysiptera*

【形态特征】副刻齿雀鲷又称副金翅雀鲷、黄尾蓝魔。体呈长椭圆形且侧扁，标准体长为体高的 2.5-2.6 倍。吻短且钝圆。口中型；颌齿 2 列，小且呈圆锥状。眶下骨裸出，下缘平滑，眶前骨与眶下骨间无缺刻。背鳍单一，鳍条部不延长且略呈尖形，硬棘 XIII，鳍条 10-12 枚；臀鳍硬棘 II，鳍条 11 或 12 枚。体背及腹面呈艳蓝色，尾柄及尾鳍呈鲜黄色。最大体长 9cm。

【繁殖】在繁殖期会形成不同配对，产黏着卵于礁石上，雄鱼保护和照顾鱼卵。

【生态生境】主要栖息于潟湖与临海礁石接近于碎石床底部的海域，深度 1-20m。以小型浮游动物与少部分的藻类为食。稚鱼常群集在软珊瑚之中，而成鱼形成小型鱼群或在礁石的适合区段上大量聚集。

【地理分布】夏威夷群岛。印度，泰国，越南，日本，菲律宾，马来西亚，文莱，新加坡，澳大利亚等海域。我国东南沿海，南海诸岛。

【GenBank】FJ583190

【保护等级】unknown（未知）

【生态与应用价值】副刻齿雀鲷为一类泛珊瑚礁区域的热带海水鱼，多活动于珊瑚礁丰茂的地区，觅食珊瑚和岩礁上的藻类及小型浮游生物，是珊瑚礁生态系统中重要的一类消费者。副刻齿雀鲷不仅可以调节平衡珊瑚礁生态系统中各生物间的关系，还具有较强的环境适应能力，可作为人工修复岛礁的优先恢复工程物种。

蓝刻齿雀鲷
Chrysiptera cyanea

雀鲷科 Pomacentridae
刻齿雀鲷属 *Chrysiptera*

【形态特征】蓝刻齿雀鲷又称蓝魔鬼。体呈椭圆形且侧扁，标准体长为体高的 2.2-2.4 倍。眼中大，上侧位。口小，上颌骨末端仅及眼前缘。眶下骨裸出；前鳃盖骨后缘平滑，峡部有 2 列鳞。体被栉鳞，侧线的有孔鳞片 16-19 个。鳃耙数为 17-19。背鳍单一，鳍条部不延长且呈角形，硬棘 XIII，鳍条 12 或 13 枚；臀鳍硬棘 II，鳍条 12-14 枚；胸鳍鳍条 18 或 19 枚；尾鳍内凹，上下叶末端呈圆形。体呈浅蓝色，有显著的性别双色变异特性：通常稚鱼与雌鱼的背鳍基底后面有 1 个小的黑色斑点，但体色缺乏黄色；而雄鱼的吻部及尾鳍呈鲜黄色，某些区域里尾鳍则呈橘色，背鳍基底后面皆无黑色斑点。体长可达 8cm。

【生态生境】主要栖息于清澈隐蔽的潟湖碎石堆、珊瑚区及亚潮间带的礁石平台，栖息深度 0-10m，常成群活动。以藻类、大洋性的被囊类及桡足类的浮游动物为食。

【地理分布】印度洋，太平洋。新不列颠岛，所罗门群岛，马里亚纳群岛，加罗林群岛，新喀里多尼亚，雅浦岛。美属萨摩亚，澳大利亚西部—新几内亚，印度尼西亚，菲律宾海域。我国南海，台湾各沿岸礁区。

【GenBank】KP195014

【保护等级】unknown（未知）

【生态与应用价值】蓝刻齿雀鲷为一类泛珊瑚礁区域的热带海水鱼，多活动于珊瑚礁丰茂的地区，是珊瑚礁生态系统中重要的一类消费者。蓝刻齿雀鲷可调节平衡珊瑚礁生态系统中各生物间的关系，起到维持珊瑚礁生态系统稳定的作用。

五带豆娘鱼
Abudefduf vaigiensis

雀鲷科 Pomacentridae
豆娘鱼属 *Abudefduf*

【形态特征】五带豆娘鱼又称条纹雀鲷、五线雀鲷。体呈暗灰色，腹面呈白色，体侧有 5 条暗色的横带，体呈卵圆形且侧扁。吻短且略尖。眼中大，上侧位。口小，上颌骨末端不及眼前缘；齿单列，齿端具缺刻；两颌齿各有 1 行。眶下骨裸出。体长为体高的 1.7-1.9 倍，为头长的 3.4-3.6 倍；头长为吻长的 3.6-4.4 倍，为眼径的 2.8-3.7 倍。体被大栉鳞；侧线的有孔鳞片 18-20 个。背鳍硬棘 XIII，鳍条 11-14 枚；臀鳍硬棘 II；鳍条 11-13 枚。鳃耙数为（5-6）＋（16-17）。背鳍起点前方鳞向前伸达左右鼻孔之间。侧线上鳞数为 4 或 5，侧线下鳞数为 11 或 12。体呈灰褐色，体侧有 5 条暗色横带，带宽较带间窄，胸鳍基底上方有 1 黑色斑点。体长可达 23cm。

【生态生境】海洋暖水性小型鱼类，主要栖息在沿岸较浅处的岩礁区，通常在其隐藏处附近活动，常成群活动，以藻类及小型浮游生物为食。

【地理分布】印度洋，太平洋。自红海、东非海域至莱恩群岛、土阿莫土群岛，北至日本南部海域，南至澳大利亚海域。我国南海，台湾各地海域及离岛的岩礁或珊瑚礁海岸。

【GenBank】KU363020

【保护等级】least concern（无危）

【生态与应用价值】五带豆娘鱼为一类泛珊瑚礁区域的热带海水鱼，多活动于珊瑚礁丰茂的地区，觅食珊瑚和岩礁上的藻类及小型浮游生物，是珊瑚礁生态系统中重要的一类消费者。五带豆娘鱼可调节平衡珊瑚礁生态系统中珊瑚和藻类间的竞争关系，起到维持珊瑚礁生态系统稳定的作用。

金带齿颌鲷
Gnathodentex aureolineatus

裸颊鲷科 Lethrinidae
齿颌鲷属 *Gnathodentex*

【形态特征】金带齿颌鲷又称黄点鲷。体延长而呈长椭圆形。吻尖，眼大。口端位；两颌具犬齿及绒毛状齿，下颌犬齿向外；上颌骨上缘具锯齿。峡部具鳞4-6列；胸鳍基部内侧不具鳞；侧线鳞数为68-74；侧线上鳞数为5。背鳍单一，不具深刻，具硬棘Ⅹ，鳍条10枚；臀鳍硬棘Ⅲ，鳍条8或9枚；胸鳍鳍条15枚；尾鳍深分叉，两叶先端尖锐。体背呈暗红褐色，具数条银色窄纵纹；下方体侧呈银色至灰色，有若干金黄色至橘褐色纵线；尾柄背部近背鳍后方数鳍条的基底有一大型黄斑。各鳍呈淡红色或透明。体长可达30cm。

【生态生境】群居性鱼种，常成群巡游在潟湖礁石平台或向海珊瑚礁的上缘区，较少落单行动。是夜行性的动物，白天缓缓或静止地栖息在珊瑚丛上，晚上则游到珊瑚礁外围寻找底栖性小章鱼、乌贼、小鱼及虾蟹类等食物。

【地理分布】印度洋，太平洋。西起非洲东岸，东至土阿莫土群岛，北至日本南部海域，南迄澳大利亚海域。我国东南部沿海，台湾海域及南海诸岛。

【GenBank】KY371565

【保护等级】least concern（无危）

【生态与应用价值】 金带齿颌鲷为一类泛珊瑚礁区域的海水鱼，多活动于珊瑚礁丰茂的地区，觅食珊瑚礁小型底栖生物，是珊瑚礁生态系统中重要的一类消费者。金带齿颌鲷可调节平衡珊瑚礁生态系统中各生物间的关系，起到维持珊瑚礁生态系统稳定的作用。

单列齿鲷
Monotaxis grandoculis

裸颊鲷科 Lethrinidae
单列齿鲷属 *Monotaxis*

【形态特征】单列齿鲷又称大眼黑鲷。体略延长而呈椭圆形,头背部隆起,吻略钝圆。眼大,近于头背部。口端位,两颌具绒毛状细齿及圆锥状齿,上颌骨上缘平滑。峡部具鳞,胸鳍基部内侧具鳞,侧线鳞数为46-48。背鳍单一,不具深刻,尾鳍分叉,两叶先端为尖型。体呈褐色且带银色光泽,唇部呈橘黄色,胸鳍除基部为黑色外为红色,背鳍及臀鳍基部呈黑色。幼鱼体侧有3条黑色宽横带,尾鳍上下缘均呈黑色。

体长可达 60cm。

【生态生境】暖水性底层鱼类,栖息于较深的岩礁区或珊瑚礁外缘砂泥地,肉食性,以小型鱼类和其他无脊椎动物为食。

【地理分布】印度洋,太平洋。非洲东岸—太平洋中部诸岛。我国西沙群岛,南沙群岛,台湾岛等。

【GenBank】JF952794

【保护等级】least concern(无危)

【生态与应用价值】单列齿鲷为一类泛珊瑚礁区域的海水鱼,多活动于珊瑚礁丰茂的地区,是珊瑚礁生态系统中重要的一类消费者。单列齿鲷可调节平衡珊瑚礁生态系统中各生物间的关系,起到维持珊瑚礁生态系统稳定的作用。

黑带鳞鳍梅鲷
Pterocaesio tile

笛鲷科 Lutjanidae
鳞鳍梅鲷属 *Pterocaesio*

【形态特征】黑带鳞鳍梅鲷体呈长纺锤形，标准体长为体高的 3.8-4.4 倍。口小，端位。上颌骨具有伸缩性，且多少被眶前骨所掩盖；前上颌骨具 2 个指状突起；上下颌前方具一细齿，锄骨无齿。体被中小型栉鳞，背鳍及臀鳍基底上方一半的区域均被鳞；侧线完全且平直，仅于尾柄前稍弯曲，侧线鳞数为 68-74。背鳍硬棘 X - XII，鳍条 20 或 21 枚；臀鳍硬棘 III，鳍条 12 枚。体背呈蓝绿色，腹面呈粉红色，体侧沿侧线有一黑褐色纵带直至尾柄背部，并与尾鳍上叶的黑色纵带相连。各鳍呈红色，尾鳍下叶亦有黑色纵带。体长可达 30cm。

【生态生境】主要栖息于沿岸潟湖或礁石区陡坡外围的清澈海域，喜大群洄游于礁区的中层海域，游泳速度快且时间持久。属日行性鱼类，夜间则于礁体间具有遮蔽的地方休息。栖息于 1-60m 深的海域，常成群于礁盘上方、断崖旁有强劲水流的地区活动。肉食性。

【地理分布】印度洋和太平洋热带海域。我国南海，台湾南部海域，兰屿，绿岛。

【GenBank】JQ681326

【保护等级】least concern（无危）

【生态与应用价值】黑带鳞鳍梅鲷为一类泛珊瑚礁区域的海水鱼，多活动于珊瑚礁丰茂的地区，觅食珊瑚礁小型底栖生物，是珊瑚礁生态系统中重要的一类消费者。黑带鳞鳍梅鲷可调节平衡珊瑚礁生态系统中各生物间的关系，起到维持珊瑚礁生态系统稳定的作用。

叉尾鲷
Aphareus furca

笛鲷科 Lutjanidae
叉尾鲷属 *Aphareus*

【形态特征】 叉尾鲷又称小齿蓝鲷。体呈长纺锤形。两眼间隔短且平坦，眼前方无沟槽。下颌突出于上颌，上颌骨的末端延伸至眼中部下方，上颌骨无鳞。腭骨和锄骨无齿，鳃耙数为22或23，全身被栉鳞，背鳍及臀鳍上均裸露无鳞，侧线完全且平直。背鳍硬软鳍条间无深刻，背鳍与臀鳍最末的鳍条皆延长且较前方鳍条长，胸鳍长约等于头长，尾鳍深叉，尾叶尖。叉尾鲷的体背呈蓝灰色，体侧呈浅紫蓝色且带有黄色光泽，前鳃盖骨及主鳃盖骨具黑缘，背鳍、腹鳍与臀鳍呈鲜黄色至黄褐色，胸鳍呈淡色至黄色，尾鳍呈暗褐色且带黄缘。体长可达70cm。

【生态生境】 栖息于珊瑚礁区，栖息水深为6-70m，独游或聚集成一小群。主要以鱼类为食，偶尔捕食甲壳类。

【地理分布】 塞舌尔群岛，夏威夷群岛，塔希提岛，北至日本海域。我国南海，台湾岛。

【GenBank】 HQ676753

【保护等级】 least concern（无危）

【生态与应用价值】 叉尾鲷为一类泛珊瑚礁区域的海水鱼，多活动于珊瑚礁丰茂的地区，是珊瑚礁生态系统中重要的一类消费者。叉尾鲷可调节平衡珊瑚礁生态系统中各生物间的关系，起到维持珊瑚礁生态系统稳定的作用。

斑点羽鳃笛鲷
Macolor macularis

笛鲷科 Lutjanidae
羽鳃笛鲷属 *Macolor*

【形态特征】斑点羽鳃笛鲷又称斑点笛鲷、琉球黑毛。身体为灰黑色，体侧上半部有白斑，随着幼鱼的长大而逐渐变黄，身体中部有一白色宽带，横贯躯干和尾部。体高且侧扁，呈长椭圆形，口中等大小，上下颌有细小齿带，前鳃盖下缘具深缺刻。幼鱼时背鳍的软硬鳍条间具深刻，随着长大而消失，背鳍和臀鳍均有硬棘，腹鳍在幼鱼时窄且长，长大后变得宽且短，尾鳍呈叉形，各鳍均为黑色。

【生态生境】幼鱼时常独自游动，成鱼后聚集成小群活动，主要栖息于珊瑚礁区，以小型浮游生物为食。

【地理分布】西太平洋。日本—澳大利亚海域。我国南海。

【GenBank】KF009623

【保护等级】least concern（无危）

【生态与应用价值】斑点羽鳃笛鲷为一类泛珊瑚礁区域的热带海水鱼，多活动于珊瑚礁丰茂的地区，觅食珊瑚礁中的小型浮游生物，是珊瑚礁生态系统中重要的一类消费者。

四带笛鲷
Lutjanus kasmira

笛鲷科 Lutjanidae
笛鲷属 *Lutjanus*

【形态特征】四带笛鲷又称四线笛鲷、四线赤笔。体侧蓝色纵带仅 4 条，且较细。腹部颜色转白或淡，上有数条颜色较淡的细蓝纵带。幼鱼体侧后上方有一黑斑，至成鱼后此黑斑则消失不见。背鳍硬棘 X，鳍条 14 或 15 枚；臀鳍硬棘 Ⅲ，鳍条 7-8 枚。体长可达 40cm。

【生态生境】暖水性鱼类，常见于热带珊瑚礁海域。热带、亚热带近底层鱼类，栖息于岩礁、珊瑚丛附近浅水区。四带笛鲷常成群在礁区巡游觅食，属肉食性，性格凶猛，以鱼类、甲壳类为食。

【地理分布】印度洋北部。西起红海，东至澳大利亚海域，北至日本海域。我国南海，台湾海峡南部。

【GenBank】EU600138

【保护等级】least concern（无危）

【生态与应用价值】四带笛鲷为一类泛珊瑚礁区域的海水鱼，多活动于珊瑚礁丰茂的地区，是珊瑚礁生态系统中重要的一类消费者。四带笛鲷可调节平衡珊瑚礁生态系统中各生物间的关系，起到维持珊瑚礁生态系统稳定的作用。

污色绿鹦嘴鱼
Chlorurus sordidus

鹦嘴鱼科 Scaridae
绿鹦嘴鱼属 *Chlorurus*

【形态特征】污色绿鹦嘴鱼又称青尾鹦哥、蓝鹦哥。体延长且略侧扁。头部轮廓呈平滑的弧形。后鼻孔稍大于前鼻孔。齿板的外表面平滑，上齿板不完全被上唇所覆盖，每一上咽骨具 1 列臼齿状的咽喉齿。背鳍前中线鳞 3 或 4 枚；颊鳞为 2 列，上列为 4 鳞；下列为 4 或 5 鳞。胸鳍具 14-16 枚鳍条；尾鳍于幼鱼时为圆形，于成鱼时为稍圆形到截形。稚鱼（大约 8cm 以内）体呈黑褐色，体侧有数条白色纵纹。初期阶段的雌鱼体色多变异，体色一致为暗棕色到淡棕色；体侧鳞片具暗色缘，尤其是体前半部的鳞片更为显著；尾柄部有或没有淡色区域；尾鳍基部具一大暗斑点；胸鳍为暗色，但后半部透明。成熟的雄鱼体色亦多变异，体呈蓝绿色，腹面具 1-3 条蓝色或绿色纵纹；各鳞片具橘黄色缘；有时峡部及体后部分具黄色大斑；背鳍及臀鳍呈蓝绿色，具 1 条宽的橘黄色纵带；尾鳍呈蓝绿色，具较淡色的辐射状斑纹。体长可达 45cm。

【生态生境】幼鱼主要栖息于珊瑚茂盛区或浅的珊瑚礁平台海域，成鱼则栖息于水浅的珊瑚丰茂礁石平台与底部开阔的潟湖及临海礁石区，也沿着海洋峭壁活动。稚鱼与初期阶段鱼形成大型鱼群，在觅食区与休息区之间长距离游动；成鱼时常独居。以藻类为食。

【地理分布】印度洋，太平洋。我国南海、台湾东部、东北部、西部、南部及各离岛。

【GenBank】KP194999

【保护等级】least concern（无危）

【生态与应用价值】污色绿鹦嘴鱼为一类泛珊瑚礁区域的海水鱼，多活动于珊瑚礁丰茂的地区，觅食礁石上的多种藻类，是珊瑚礁生态系统中重要的一类消费者。污色绿鹦嘴鱼清除珊瑚礁上的藻类，可调节平衡珊瑚礁生态系统中珊瑚和藻类间的竞争关系，同时也可促进珊瑚的生长。

黑斑鹦嘴鱼
Scarus globiceps

鹦嘴鱼科 Scaridae
鹦嘴鱼属 *Scarus*

【形态特征】黑斑鹦嘴鱼又称虫纹鹦哥鱼、鹦哥、青衣。体延长且略侧扁。头部轮廓呈平滑的弧形。后鼻孔稍大于前鼻孔。齿板的外表面平滑，上齿板几乎被上唇所覆盖；齿板无犬齿；每一上咽骨具 1 列臼齿状的咽头齿。背鳍前中线鳞 5-7；颊鳞 3 列，上列为 5 鳞，中列为 6 鳞，下列为 1-4 鳞。胸鳍具 14 枚鳍条；雌鱼尾鳍为截形，雄鱼则为双凹形。稚鱼体呈黑褐色，体侧有白色斑点。初期阶段雌鱼体色为黑褐色；腹部为鲜红褐色；鳃盖具 2 或 3 条白色条纹；单鳍均为黄褐色，基部为鲜红色；胸鳍鳍膜上端为淡黄色，基部为红褐色；腹鳍为红褐色。成鱼阶段的雄鱼体色为蓝绿色，鳞片具橙红色缘；体前背侧和头背侧具许多小点，为短斑纹；头部自吻端至鳃盖具 1 条绿缘的粉红色纵带，纵带下方至头部（含上下唇）一致偏淡色；背鳍第 IV 棘基底具一小黑点；背鳍、臀鳍呈绿色，鳍膜中央具一宽的粉红色纵纹；尾鳍呈绿色，上下叶或具粉红色纵纹。体长可达 27cm。

【生态生境】珊瑚礁鱼类，栖息于潟湖及珊瑚礁区。以啃食藻类为生。

【地理分布】印度洋非洲东岸—太平洋波利尼西亚。我国南海诸岛，台湾海域。

【GenBank】JQ432103

【保护等级】least concern（无危）

【生态与应用价值】黑斑鹦嘴鱼为一类泛珊瑚礁区域的海水鱼，多活动于珊瑚礁丰茂的地区，觅食礁石上的多种藻类，是珊瑚礁生态系统中重要的一类消费者。黑斑鹦嘴鱼清除珊瑚礁上的藻类，可调节平衡珊瑚礁生态系统中珊瑚和藻类间的竞争关系，同时也可促进珊瑚的生长。

青鲸鹦嘴鱼
Cetoscarus bicolor

鹦嘴鱼科 Scaridae
鲸鹦嘴鱼属 *Cetoscarus*

【形态特征】 青鲸鹦嘴鱼又称双色鲸鹦嘴鱼、青衣。体延长且略侧扁。吻圆钝，前额不突出。后鼻孔明显大于前鼻孔。齿板的外表面有颗粒状突起；每一上咽骨具3列白臼齿状的咽头齿，其后列者并不发达。背鳍前中线鳞5-7；颊鳞3列，鳞片小型，最下方一列具鳞3-7个；间鳃盖具2列鳞。鳃耙数为20-24。胸鳍具14或15枚鳍条；尾鳍于幼鱼时为圆形、成鱼时内凹。幼鱼时体为白色，头部除吻部外为橙红色，边缘带黑线，吻部则为粉红色，背鳍具一外缘镶有橙色边的黑色斑点。幼鱼的体色为浅红褐色，背部为黄色，体侧鳞片具黑色斑点及边缘，其色泽由上而下渐深。成鱼的体色为深蓝绿色，体侧鳞片具粉红色缘；自下颌有一粉红色斑纹向后延伸至臀鳍基部；上唇有1条粉红色线向后延伸经胸鳍基底而至臀鳍前缘，在此线上方有粉红色斑点分布于身体前部及头部，而此线下方区域则一致呈蓝绿色。背鳍及臀鳍为蓝绿色，基部均有平行的粉红色斑纹；胸鳍为紫黑色；腹鳍为黄色，外缘为绿色；尾鳍为蓝绿色，外缘及基部为粉红色。体长可达90cm。

【生态生境】 在热带地区近岸珊瑚礁海域生活，栖息于沿岸礁石区、潟湖及珊瑚礁区。以啃食藻类为生。

【地理分布】 印度洋，太平洋。西起红海，东至土阿莫土群岛，北至日本伊豆半岛，南至澳大利亚大堡礁的南部。我国南海及台湾东部、东北部、南部、西部、兰屿及绿岛等岩礁海域。

【GenBank】 AB117530

【保护等级】 least concern（无危）

【生态与应用价值】 青鲸鹦嘴鱼为一类泛珊瑚礁区域的海水鱼，多活动于珊瑚礁丰茂的地区，觅食礁石上的多种藻类，是珊瑚礁生态系统中重要的一类消费者。青鲸鹦嘴鱼清除珊瑚礁上的藻类，可调节平衡珊瑚礁生态系统中珊瑚和藻类间的竞争关系，同时也可促进珊瑚的生长。

叠波刺盖鱼
Pomacanthus semicirculatus

刺盖鱼科 Pomacanthidae
刺盖鱼属 *Pomacanthus*

【形态特征】叠波刺盖鱼又称半环刺盖鱼、蓝纹神仙。幼鱼体一致为深蓝色，体具若干白弧状纹，随着成长白弧状纹愈多；中型鱼体前后部位逐渐偏褐色，中间部位偏淡褐色，弧状纹亦逐渐消失；成鱼体呈黄褐色至暗褐色，体侧弧形不显，而是散布许多暗色小点，前鳃盖骨及鳃盖骨后缘具蓝纹，上下颌呈黄色，各鳍缘多少具蓝缘，亦具蓝色或白色小点。身体侧扁，呈卵圆形，背部轮廓略突出，头背于眼上方平直。吻钝而小，眶前骨宽突，不游离，前鳃盖骨后缘及下缘具弱锯齿，具一长棘，鳃盖骨后缘平滑。体被小型圆鳞，腹鳍基底具腋鳞，背鳍与臀鳍鳍条部后端为尖形，略呈丝状延长，腹鳍尖，第1鳍条延长，达臀鳍起点，尾鳍呈钝圆形。

【生态生境】幼鱼独居，常可见于低潮线或潮池的洞穴中，稍长后会往较深的海域迁移；成鱼则常在珊瑚礁茂盛区及岩礁底部有洞穴可躲避处出现。为一夫多妻制，成鱼具领域性，同种间会彼此争斗。杂食性，主要以藻类、海绵及附着生物为食。

【地理分布】印度洋—西太平洋。日本南部海域。我国台湾海域及南海诸岛。

【GenBank】KU944243

【保护等级】least concern（无危）

【生态与应用价值】叠波刺盖鱼为一类泛珊瑚礁区域的海水鱼，多活动于珊瑚礁丰茂的地区。杂食性，主要以藻类、海绵及附着生物为食，是珊瑚礁生态系统中重要的一类消费者。叠波刺盖鱼可调节平衡珊瑚礁生态系统中各生物间的关系，起到维持珊瑚礁生态系统稳定的作用。

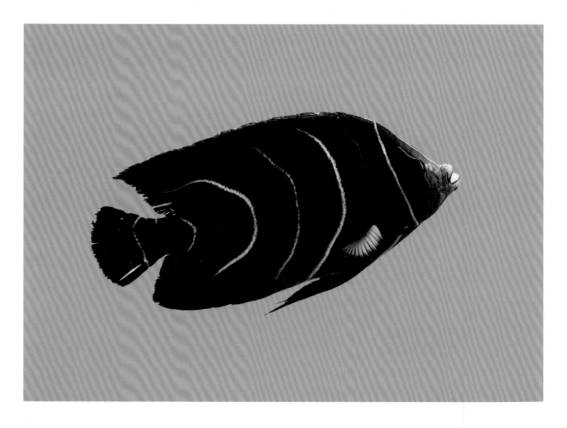

双棘甲尻鱼
Pygoplites diacanthus

刺盖鱼科 Pomacanthidae
甲尻鱼属 *Pygoplites*

【形态特征】双棘甲尻鱼又称帝王神仙鱼。体呈长卵形。头部眼前至颈部突出。吻稍尖。眶前骨下缘突出，无棘。前鳃盖骨具棘，间鳃盖骨无棘。体被中小型栉鳞，峡部具鳞，头部与奇鳍被较小鳞；侧线达背鳍末端。背鳍硬棘 XIV，鳍条 18 或 19 枚；臀鳍硬棘 Ⅲ，鳍条 18 或 19 枚，末端呈圆形或稍钝尖；尾鳍呈圆形。幼鱼时，体一致为橘黄色，体侧具 4-6 条带黑边的白色至淡青色的横带，背鳍末端具一黑色假眼；成鱼则体呈黄色，横带增至 8-10 条且延伸至背鳍，背鳍鳍条部呈暗蓝色，假眼已消失；背鳍前方至眼后亦有带黑边的淡青色带；臀鳍呈黄褐色，具数条青色弧形线条；尾鳍呈黄色。体长可达 25cm。

【繁殖】尚无人工饲养环境中成功繁殖的案例。在野生环境中，双棘甲尻鱼交尾开始于日落前的 15min，而后可持续约 25min。雌鱼准备产卵时，从水底往上游，将腹鳍伸向雄鱼，雄鱼绕至其后用鼻端抚擦雌鱼腹部，并彼此盘旋着上升，直到离水底 30-90cm 的位置，雌、雄鱼先后释放配子。随后，雄鱼用尾巴向上推水，制造水漩将受精卵向上带升 9m 左右，该位置或许可避免受精卵被浮游动物吃掉。

【生态生境】独栖或成对、成群活动。它们总在珊瑚礁的缝隙中四处穿梭寻找食物，有时腹部会对着珊瑚洞顶游动。幼鱼一般独自活动，行动隐秘，不易察觉。成鱼单独或成对活动，偶尔成群，鱼群为典型的 1 条雄鱼配 2-4 条雌鱼。为杂食性鱼类，主要以海绵、藻类、软珊瑚及附着生物等为食。

【地理分布】印度洋，太平洋。我国南海。
【GenBank】KU944247
【保护等级】least concern（无危）
【生态与应用价值】双棘甲尻鱼为一类泛珊瑚礁区域的海水鱼，多活动于珊瑚礁丰茂的地区。杂食性，主要以藻类、软珊瑚、海绵及附着生物等为食，是珊瑚礁生态系统中重要的一类消费者。双棘甲尻鱼可调节平衡珊瑚礁生态系统中各生物间的关系，起到维持珊瑚礁生态系统稳定的作用。

角镰鱼
Zanclus cornutus

镰鱼科 Zanclidae
镰鱼属 *Zanclus*

【形态特征】角镰鱼又称角蝶鱼、角蝶。体极侧扁且高。口小；齿细长呈刷毛状，多被厚唇所盖住；吻突出。成鱼眼前具一短棘，尾柄无棘，背鳍硬棘延长如丝状。身体呈白色至黄色；头部在眼前缘至胸鳍基部后具极宽的黑横带区；体后端另具1个黑横带区，区后具1条细白横带；吻上方具1个三角形且镶黑斑的黄斑；吻背部呈黑色；眼上方具2条白纹；胸鳍基部下方具1个环状白纹。腹鳍及尾鳍呈黑色，具白色缘。体长可达23cm。

【生态生境】主要栖息于潟湖、礁台、清澈的珊瑚或岩礁区，栖息深度为3-182m。经常成小群游于礁区，主要以小型带壳的动物为食。仔稚鱼具长时间的漂浮期，成鱼三五成群洄游于礁石区，尤其喜在大礁或断崖的边缘活动，夜间于珊瑚礁底部或凹陷处休息。杂食性，以藻类或小型无脊椎动物为主。

【地理分布】印度洋，太平洋。自非洲东部到墨西哥海域，北至日本南部海域及夏威夷群岛，南到罗得豪岛及拉帕岛，包括密克罗尼西亚联邦。我国南海，台湾南部、北部、东北部及兰屿，绿岛，澎湖海域。

【GenBank】KU944963

【保护等级】least concern（无危）

【生态与应用价值】角镰鱼为一类泛珊瑚礁区域的海水鱼，多活动于珊瑚礁丰茂的地区。杂食性，主要以珊瑚礁藻类或小型无脊椎动物为食，是珊瑚礁生态系统中重要的一类消费者。角镰鱼可调节平衡珊瑚礁生态系统中各生物间的关系，起到维持珊瑚礁生态系统稳定的作用。

黑星紫胸鱼
Stethojulis bandanensis

隆头鱼科 Labridae
紫胸鱼属 *Stethojulis*

【形态特征】黑星紫胸鱼体长形，头圆锥状，鳃盖膜与峡部相连。吻中长，唇厚，口小，上下颌有 1 列门齿，前端无犬齿。体被大鳞，胸部鳞片较体侧大，除眼上方外，头部无鳞，峡部裸出，腹鳍无鞘鳞，侧线为"乙"字状连续。腹鳍短；尾鳍呈圆形。幼、雌鱼体上半部呈蓝灰色且散布许多细小白点，下半部鳞片基侧半边为暗灰色，外侧半边则为白色；头部颜色同体色，口角后具一黄斑；在胸鳍基部上方有一小块红色斑；在尾柄中央有 1-4 个暗色小点。雄鱼体色上半部呈蓝色至灰绿色，下半部呈淡蓝色，两区块由 1 条淡蓝色细纹区隔；在胸鳍基部上方有一新月形红色斑块。头部具 4 条蓝线纹：最上 1 条经眼上缘至背鳍基部延伸至尾鳍；第 2 条由眼后延伸至胸鳍上方；第 3 条由颌部经眼下缘向上弯曲，经过胸鳍上红斑至胸鳍后方；最下方 1 条在头腹侧。体长可达 15cm。

【生态生境】生活于 3-30m 海域，栖息于较浅的珊瑚平台区，幼鱼常在潮池中发现。具性转变，行一夫多妻制。活动力强，夜晚潜沙而眠。肉食性，以小型底栖生物为主。

【地理分布】印度洋，太平洋。东非海域，红海。日本海域。我国南海，台湾等海域。

【GenBank】KU944708

【保护等级】least concern（无危）

【生态与应用价值】黑星紫胸鱼为一类泛珊瑚礁区域的海水鱼，多活动于珊瑚礁丰茂的地区，觅食珊瑚礁小型底栖生物，是珊瑚礁生态系统中重要的一类消费者。黑星紫胸鱼可调节平衡珊瑚礁生态系统中各生物间的关系，起到维持珊瑚礁生态系统稳定的作用。

圃海海猪鱼
Halichoeres hortulanus

隆头鱼科 Labridae
海猪鱼属 *Halichoeres*

【形态特征】圃海海猪鱼又称云斑海猪鱼、格纹海猪鱼。体延长，侧扁。吻较长，尖突。前鼻孔具短管。口小；上颌有犬齿 4 枚，外侧 2 枚向后方弯曲；前鳃盖后缘具锯齿，鳃盖膜常与峡部相连。体被中大圆鳞，胸部鳞片小于体侧，主鳃盖上方具小簇鳞片；眼后也有一簇垂直小鳞；眼眶间孔随鱼龄渐大而增加。体色随性别与个体而异，幼鱼体呈白色，头部呈黑色，体中央具一宽黑横带，或扩散成斑驳，尾柄呈黑色，背鳍中央具一镶黄边的黑斑，尾鳍呈黄色；雌鱼体呈白色；各鳞具一垂直横纹，背侧横纹较大；背鳍第Ⅳ - Ⅴ基部具一大黄斑，其后为一黑斑，头绿色具粉红色带，尾鳍呈黄色。雄鱼类似雌鱼，但体为蓝绿色；尾鳍呈橙红色具黄点。体长可达 27cm。

【生态生境】生活于 1-30m 海域，喜栖息于独立礁或礁沙混合区，夜晚潜沙而眠。肉食性，以小型底栖无脊椎动物为主。具性转变。

【地理分布】印度洋非洲东岸。东至澳大利亚海域，北至日本海域。我国南海，台湾海峡等海域。

【GenBank】KY371577

【保护等级】least concern（无危）

【生态与应用价值】圃海海猪鱼为一类泛珊瑚礁区域的海水鱼，多活动于珊瑚礁丰茂的地区，觅食珊瑚礁小型底栖无脊椎动物，是珊瑚礁生态系统中重要的一类消费者。圃海海猪鱼可调节平衡珊瑚礁生态系统中各生物间的关系，起到维持珊瑚礁生态系统稳定的作用。

三斑海猪鱼
Halichoeres trimaculatus

隆头鱼科 Labridae
海猪鱼属 *Halichoeres*

【形态特征】三斑海猪鱼又称三斑儒艮鲷。体延长，侧扁。吻较长，尖突。前鼻孔具短管。口小；上颌有犬齿 4 枚，外侧 2 枚向后方弯曲。前鳃盖后缘具锯齿，鳃盖膜常与峡部相连。体被中大圆鳞，胸部鳞片小于体侧，鳃盖上方有一小簇鳞片；眼下方或后方无鳞。体色因性别与个体而异，雌鱼体呈淡黄色，腹面呈白色，头上半部呈淡绿色，眼前具 2 条红纵纹，眼下具 1 条红纵纹，眼后具数条红斑列，尾柄上侧有一不明显的大眼斑；雄鱼头及体上半部呈淡绿色，头部具如雌鱼般的红纹，眼后红斑列较多，且沿鳃盖骨缘往下延伸至喉峡部，体侧各鳞具稍深色的横纹，从胸鳍至腹部具一斜红纹，尾柄上侧有一明显的大眼斑，胸鳍上方有另一小眼斑。体长可达 27cm。

【生态生境】为热带珊瑚礁鱼类，常见于礁盘内浅水区，以小型底栖无脊椎动物为食。

【地理分布】印度洋，太平洋。圣诞岛—莱恩群岛，罗得豪岛等。我国南海，台湾各地岩礁海域。

【GenBank】KY371581

【保护等级】least concern（无危）

【生态与应用价值】三斑海猪鱼为一类泛珊瑚礁区域的海水鱼，多活动于珊瑚礁丰茂的地区，觅食珊瑚礁小型底栖无脊椎动物，是珊瑚礁生态系统中重要的一类消费者。三斑海猪鱼可调节平衡珊瑚礁生态系统中各生物间的关系，起到维持珊瑚礁生态系统稳定的作用。

双线尖唇鱼
Oxycheilinus digramma

隆头鱼科 Labridae
尖唇鱼属 *Oxycheilinus*

【形态特征】双线尖唇鱼又称双线龙、汕散仔、阔嘴郎、双线鹦鲷。体延长而呈长卵圆形；头部眼上方轮廓稍凹，其后稍凸。口中大，前位，可略向前伸出；吻长，突出；鼻孔每侧2个；上下颌各具锥形齿1列，前端各有1对大犬齿；前鳃盖骨边缘具锯齿，左右鳃盖膜愈合，不与峡部相连；体被大型圆鳞。腹鳍短；尾鳍呈稍圆形至截形或呈稍双凹形。幼鱼体色为淡茶色，体侧有2条白色纵带，两纵带所夹区域或呈褐色。成鱼体色多变，由橙红色至橄榄绿色；头部具许多红色的点及平行线，平行线方向在眼上下缘与头背缘方向相同，眼下方平行线则斜下至鳃盖后下缘，眼后2条明显的平行纵线仅至鳃盖前端；体腹部色稍淡，体鳞具短横线，尾柄无白横带；各鳍颜色与体色相同，但尾鳍鳍条呈绿色，鳍膜呈黄绿色。

【生态生境】主要栖息于温暖的珊瑚礁海域，由潮间带到亚潮带50m水深处，特别喜欢在礁湖及隐秘而茂盛的向海珊瑚林中。具有与须鲷类鱼种同游的习性，可依须鲷体色的不同而转换自己的体色；当须鲷用它们那敏锐的触须探索到藏身泥地的小猎物后，偷懒而机警的双线尖唇鱼立刻投机地急游出须鲷群去掠夺猎物；通常小鱼是它们的主食。

【地理分布】印度洋，太平洋。红海—马歇尔群岛及萨摩亚群岛，北至日本等海域。我国南海及台湾东部、东北部、南部及小琉球，兰屿，绿岛等离岛。

【GenBank】KU944524

【保护等级】least concern（无危）

【生态与应用价值】双线尖唇鱼为一类泛珊瑚礁区域的海水鱼，多活动于珊瑚礁丰茂的地区，觅食珊瑚礁小型生物，是珊瑚礁生态系统中重要的一类消费者。双线尖唇鱼可调节平衡珊瑚礁生态系统中各生物间的关系，起到维持珊瑚礁生态系统稳定的作用。

杂色尖嘴鱼
Gomphosus varius

隆头鱼科 Labridae
尖嘴鱼属 *Gomphosus*

【形态特征】杂色尖嘴鱼又称突吻鹦鲷、鸟嘴龙。体长形，头尖，吻凸出呈管状且随鱼体增大而渐延长。鳃盖膜与峡部相连。上颌长于下颌；上下颌具1列齿，上颌前方具2枚犬齿。体被大鳞，腹鳍具鞘鳞，侧线连续。背鳍棘明显较鳍条短；腹鳍呈尖形；尾鳍于幼鱼时呈圆形、于成鱼时呈截形，上下缘或延长。杂色尖嘴鱼体色多变，幼鱼呈蓝绿色；体侧有2条黑纵带，吻较不突出；雄鱼呈深蓝色，各鳍呈淡绿色，尾鳍具新月形纹；雌鱼体前部呈淡褐色，后部呈深褐色；上颌较下颌色深，眼前后有成列黑斑；奇鳍色深；胸鳍有横斑；尾鳍后缘呈白色；每一鳞片具一暗斑纹。体长可达30cm。

【生态生境】主要栖息于近海沿岸区域、珊瑚礁和潟湖区，以小型小鱼和其他小型无脊椎动物为食。

【地理分布】印度洋，太平洋各岛屿沿岸珊瑚礁区。菲律宾，印度尼西亚，澳大利亚等海域。我国南海。

【GenBank】KU944705

【保护等级】least concern（无危）

【生态与应用价值】杂色尖嘴鱼为一类泛珊瑚礁区域的海水鱼，多活动于珊瑚礁丰茂的地区，觅食珊瑚礁小型鱼类及其他小型无脊椎动物，是珊瑚礁生态系统中重要的一类消费者。杂色尖嘴鱼可调节平衡珊瑚礁生态系统中各生物间的关系，起到维持珊瑚礁生态系统稳定的作用。

纵纹锦鱼
Thalassoma quinquevittatum

隆头鱼科 Labridae
锦鱼属 *Thalassoma*

【形态特征】纵纹锦鱼又称五带锦鱼。体稍长且侧扁。吻短，上下颌具 1 列尖齿，前方各具 2 枚犬齿，无后犬齿。头部无鳞，仅鳃盖上部有少许鳞片；颈部裸出。尾鳍呈截形或尾叶稍延长，成熟雄鱼呈深凹形。体上半 2/3 部位具蓝绿与粉红交互的纵纹；背鳍基部呈蓝绿色；胸与胸鳍基部前的腹部具 2 条蓝绿色带；头部具 4 条辐射状蓝绿色带，峡部具一半圆形蓝绿色环；背鳍第Ⅰ、Ⅱ棘膜具一黑斑；尾鳍无鳞，为黄橙色；尾叶具蓝绿色带。体长可达 17cm。

【生态生境】主要栖息于珊瑚礁和潟湖中，主要以小型无脊椎动物为食。

【地理分布】印度洋非洲东岸—太平洋中部。北至日本海域。我国南海诸岛，台湾岛等。

【GenBank】KY372220

【保护等级】unknown（未知）

【生态与应用价值】纵纹锦鱼为一类泛珊瑚礁区域的海水鱼，多活动于珊瑚礁丰茂的地区，觅食珊瑚礁小型无脊椎动物，是珊瑚礁生态系统中重要的一类消费者。

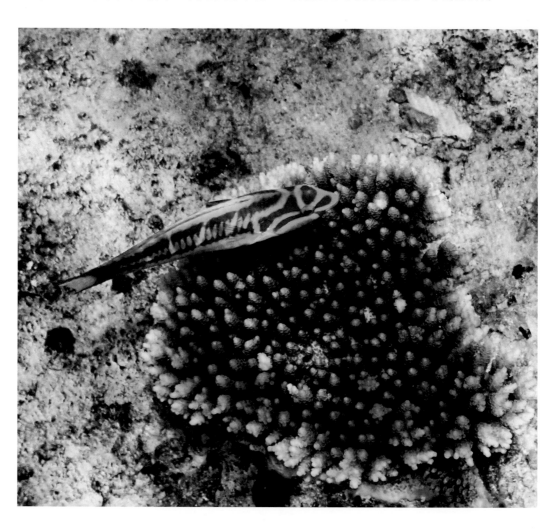

伸口鱼
Epibulus insidiator

隆头鱼科 Labridae
伸口鱼属 *Epibulus*

【形态特征】伸口鱼体延长，头尖，体中高，背鳍前方的头部背面圆突，眼前与眼上方稍凹。口特别突出；上下颌可伸缩，下颌骨向后超越鳃盖膜，上下颌齿各1列，前方各有1对犬齿。鳞片大型，颊鳞2列，下颌无鳞；侧线间断。成鱼尾鳍上下缘延长为丝状。体色多变异，且易随栖息地而改变体色深浅，一般头体一致为黄色、暗黄褐色、黑褐色或橄榄绿色等；鳞片具深色斑且形成点状列；背鳍第Ⅰ与第Ⅱ棘间有一暗色斑，向后形成暗色纵带；各鳍与体同色。幼鱼呈体褐色，有3条白色细横带，眼具放射状细白纹。体长可达54cm。

【生态生境】生活于1-42m的海域，成鱼栖息于珊瑚生长茂盛的地区，偶尔藏身于海面漂浮物下，随水流迁移。肉食性，以小型底栖无脊椎动物为主。具性转变。

【地理分布】印度洋，太平洋。我国南海。

【GenBank】KP194833

【保护等级】least concern（无危）

【生态与应用价值】伸口鱼为一类泛珊瑚礁区域的海水鱼，多活动于珊瑚礁丰茂的地区，觅食珊瑚礁小型鱼类及其他小型底栖无脊椎动物，是珊瑚礁生态系统中重要的一类消费者。伸口鱼可调节平衡珊瑚礁生态系统中各生物间的关系，起到维持珊瑚礁生态系统稳定的作用。

大口线塘鳢
Nemateleotris magnifica

塘鳢科 Eleotridae
线塘鳢属 *Nemateleotris*

【形态特征】大口线塘鳢又称丝鳍线塘鳢、雷达。该鱼体色艳丽，身体前半部为粉黄色，后半部为带桃红的橙色并渐变为红色，末端为深红棕色。第二背鳍、臀鳍及尾鳍的外缘呈深红色，第一背鳍的第Ⅰ鳍棘延长呈丝状，状似雷达天线。头小，前部圆钝，身体后部侧扁，头宽大于头高。体长可达 9cm。

【生态生境】暖水性中、小型底层海水鱼类，生活于热带、亚热带沿岸岩礁及珊瑚丛中。常成对活动，摄食浮游生物和小型无脊椎动物。

【地理分布】印度洋—西太平洋。我国南海，台湾海域。

【GenBank】KF489666

【保护等级】least concern（无危）

【生态与应用价值】大口线塘鳢为一类泛珊瑚礁区域的海水鱼，多活动于珊瑚礁丰茂的地区，觅食珊瑚礁浮游生物及小型无脊椎动物，是珊瑚礁生态系统中重要的一类消费者。大口线塘鳢可调节平衡珊瑚礁生态系统中各生物间的关系，起到维持珊瑚礁生态系统稳定的作用。

多带副绯鲤
Parupeneus multifasciatus

羊鱼科 Mullidae
副绯鲤属 *Parupeneus*

【形态特征】多带副绯鲤又称三带海绯鲤。身体为淡灰色至棕红色，体侧有 5 条（有时 2 或 3 条比较明显）暗色横带。后背鳍基部及其后呈黑色，末缘及臀鳍膜上有黄色纵带斑纹。体延长且略侧扁，呈长纺锤形。头稍大，口小，吻长且钝尖，上颌仅达吻部的中央，后缘为斜向弯曲，上下颌均具单列齿，齿中大，较钝，排列较疏，锄骨与腭骨无齿。具颏须 1 对，末端达眼眶后方。前鳃盖骨后缘平滑，鳃盖骨具 2 个短棘，鳃盖膜与峡部分离。体被弱栉鳞，易脱落，腹鳍基部具 1 腋鳞，眼前无鳞，侧线鳞数为 28-30，上侧线管呈树枝状。背鳍 2 个，彼此分离，第二背鳍最后鳍条特长，胸鳍鳍条 15-17 枚，尾鳍呈叉尾形。体长可达 35cm。

【生态生境】主要栖息于珊瑚礁外缘的砂地上，靠胡须来探索在砂泥底质上活动的生物，以砂泥底质上活动的小型鱼类和其他小型无脊椎动物为食。

【地理分布】印度洋，太平洋。西起圣诞岛（东印度洋），东到夏威夷群岛、马克萨斯群岛和土阿莫土群岛，北起日本南部海域，南至罗德豪岛及拉帕岛。我国南海。

【GenBank】KU944146

【保护等级】least concern（无危）

【生态与应用价值】多带副绯鲤为一类泛珊瑚礁区域的海水鱼，多活动于珊瑚礁丰茂的地区，觅食珊瑚礁小型鱼类及其他小型无脊椎动物，是珊瑚礁生态系统中重要的一类消费者。多带副绯鲤可调节平衡珊瑚礁生态系统中各生物间的关系，起到维持珊瑚礁生态系统稳定的作用。

圆口副绯鲤
Parupeneus cyclostomus

羊鱼科 Mullidae
副绯鲤属 *Parupeneus*

【形态特征】圆口副绯鲤又称圆口海绯鲤。体延长且略侧扁，呈长纺锤形。头稍大；口小；吻长且钝尖；上颌仅达吻部的中央处；上下颌均具单列齿，齿中大，较钝，排列较疏；锄骨与腭骨无齿。具颏须一对，极长，达鳃盖后缘之后，甚至几乎达腹鳍基部。前鳃盖骨后缘平滑，鳃盖骨具2个短棘，鳃盖膜与峡部分离，鳃耙数为（6-7）＋（22-26）。体被弱栉鳞，易脱落，腹鳍基部具一腋鳞，眼前无鳞；侧线鳞数为27或28，上侧线管呈树枝状。背鳍2个，彼此分离；胸鳍鳍条15-17枚（通常为16枚）；尾鳍呈叉尾形。体色有2种类型，一种为灰黄色，各鳞片具蓝色斑点，尾柄具黄色鞍状斑，眼下方具多条不规则的蓝纹，各鳍与颏须皆为黄褐色，第二背鳍和臀鳍具蓝色斜纹，尾鳍具蓝色平行纹；另一种为黄化种，体一致为黄色，尾柄具亮黄色鞍状斑，眼下方具多条不规则的蓝纹。体长可达50cm。

【生态生境】主要栖息于珊瑚礁、岩礁区和潟湖中的砂地上，靠胡须来探索在砂泥底质上活动的生物，以砂泥底质上活动的小型鱼类和其他小型无脊椎动物为食。

【地理分布】印度洋，太平洋。西起红海，东到夏威夷群岛、马贵斯群岛及土阿莫土群岛，南至新喀里多尼亚及拉帕岛。我国南海及除东部外台湾各地海域。

【GenBank】KU176425

【保护等级】least concern（无危）

【生态与应用价值】圆口副绯鲤为一类泛珊瑚礁区域的海水鱼，多活动于珊瑚礁丰茂的地区，觅食珊瑚礁小型鱼类及其他小型无脊椎动物，是珊瑚礁生态系统中重要的一类消费者。圆口副绯鲤可调节平衡珊瑚礁生态系统中各生物间的关系，起到维持珊瑚礁生态系统稳定的作用。

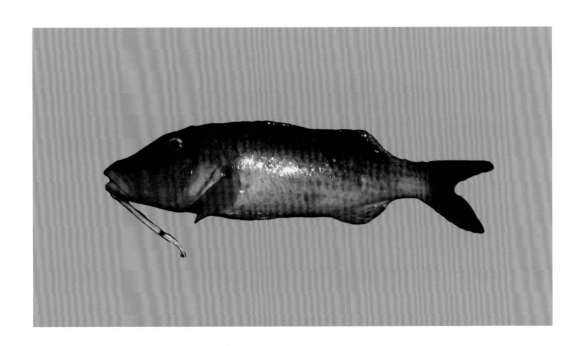

四斑拟鲈
Parapercis clathrata

虎鳝科 Pinguipedidae
拟鲈属 *Parapercis*

【形态特征】四斑拟鲈又称肩斑虎鳝、肩斑拟鲈。体近似为圆柱形，体被小型栉鳞或圆鳞。腭骨无齿，下颌外列齿 6 枚。头部上方具有 2 个镶白边的黑斑，体侧下方具有 9 条附有小黑点的垂直横带。尾鳍有多个小黑点，中间鳍条部位呈白色。胸鳍基部下缘有一小圆点，背鳍硬棘Ⅳ - Ⅴ；背鳍鳍条 20 或 21；臀鳍硬棘Ⅰ；臀鳍鳍条 17。体长可达 24cm。

【生态生境】主要栖息于清澈的潟湖和临海礁石区中沙群岛石与碎石的开放区域、岩石表面或珊瑚顶部之间的海域，也可见于水流向下的峡道，以小型鱼类及底栖甲壳类动物为食。

【地理分布】西太平洋。大堡礁—马绍尔群岛。美属萨摩亚、东加等海域。我国南海，台湾海域。

【GenBank】KU944761

【保护等级】unknown（未知）

【生态与应用价值】四斑拟鲈为一类泛珊瑚礁区域的海水鱼，多活动于珊瑚礁丰茂的地区，觅食珊瑚礁小型鱼类及底栖甲壳类动物，是珊瑚礁生态系统中重要的一类消费者。四斑拟鲈可调节平衡珊瑚礁生态系统中各生物间的关系，起到维持珊瑚礁生态系统稳定的作用。

双线眶棘鲈
Scolopsis bilineatus

金线鱼科 Nemipteridae
眶棘鲈属 *Scolopsis*

【形态特征】双线眶棘鲈又称双带赤尾冬。体呈长椭圆形，侧扁；头端尖细，头背几乎呈直线，两眼间隔区不隆突，吻中大。眼大，眶下骨的后上角具一锐棘，下缘具细锯齿，上缘具前向棘。口中大，端位；上颌末端上缘不具锯齿；颌齿细小，带状；锄骨、腭骨及舌面均不具齿。第一鳃弓下枝鳃耙数为5-7。体被大栉鳞；头部鳞域向前伸展至前鼻孔；侧线鳞数为45或46；侧线与硬背鳍基底中点间有鳞，背鳍连续而无深刻，具硬棘 X，鳍条 9 枚；臀鳍硬棘 III，鳍条 7 枚；腹鳍达臀鳍起点；胸鳍达肛门；尾鳍上下叶不呈丝状延长。成鱼体呈浅绿色，腹面呈银白色，体侧有1条双边镶黑边的白色斜带，自眼下斜行至背鳍第 X 棘及第 1 鳍条间的基底处，另有一黄线自侧线起点至第 V 背鳍棘基底，

背鳍后方若干鳍条的基部有一白色大斑。背鳍鳍条前部上缘、臀鳍前部及尾鳍上下缘呈深红色或黑色。幼鱼体具 3 条黑纵线，纵线间为黄色，背鳍鳍条部前部上缘、臀鳍前部及尾鳍上下缘呈黑色。体长可达23cm。

【生态生境】通常单独或数尾在岩礁地区或岩礁外缘的砂地上活动，游泳时以一游一停的方式前进，以岩礁或砂地上的小鱼、虾及软体动物为食。

【地理分布】印度洋—西太平洋。我国海南岛南部，西沙群岛，南沙群岛，台湾恒春海域。

【GenBank】KY362942

【保护等级】unknown（未知）

【生态与应用价值】双线眶棘鲈为一类泛珊瑚礁区域的海水鱼，多活动于珊瑚礁丰茂的地区，是珊瑚礁生态系统中重要的一类消费者。双线眶棘鲈可调节平衡珊瑚礁生态环境中各生物间的关系，起到维持珊瑚礁生态系统稳定的作用。

无斑拟羊鱼
Mulloidichthys vanicolensis

羊鱼科 Mullidae
拟羊鱼属 *Mulloidichthys*

【形态特征】无斑拟羊鱼又称金带拟须鲷、秋姑、须哥。体呈淡红色或黄色。体侧有2条不明显的黄色纵带，侧线在背鳍中央下有小型红褐色斑点，头部有不明显的青色线。前鳃盖骨无齿，两颚各有齿1列。背鳍有2个，尾鳍呈深分叉。背鳍硬棘共8枚，鳍条共9枚；臀鳍硬棘1枚，鳍条7枚。体长可达38cm。

【生态生境】栖息在潟湖和珊瑚礁上，成小群活动。肉食性，以触须搜寻泥砂里的底栖动物为食物。

【地理分布】太平洋西部。东至太平洋夏威夷群岛。我国台湾海域及南海诸岛。

【GenBank】KY371770

【保护等级】least concern（无危）

【生态与应用价值】无斑拟羊鱼为一类泛珊瑚礁区域的海水鱼，多活动于珊瑚礁丰茂的地区，觅食珊瑚礁底栖动物，是珊瑚礁生态系统中重要的一类消费者。

鲀形目 Tetraodontiformes

黑带锉鳞鲀
Rhinecanthus rectangulus

鳞鲀科 Balistidae
锉鳞鲀属 *Rhinecanthus*

【形态特征】黑带锉鳞鲀又称斜带吻棘鲀。体稍延长，呈长椭圆形，尾柄短。口端位，齿呈白色，具缺刻。眼前无深沟。峡部被鳞；鳃裂后有大型骨质鳞片。背鳍2个，基底相接近，第一背鳍位于鳃孔上方，第Ⅰ棘粗大，第Ⅱ棘则细长，第Ⅲ背鳍棘极短，不明显，不露出棘基深沟。尾柄具4或5列小棘。体背部呈褐色，腹部呈白色；有1条黑带从眼睛越过鳃裂到胸鳍基部，再向后偏折变宽至肛门及臀鳍基的前半部，该黑带上缘有金色线，金色线在体中央分叉延伸至第二背鳍基中央；眼间隔有1条宽蓝带，上有3条细黑线；尾柄有三角形黑斑，前缘镶金线。第一背鳍色深，第二背鳍、臀鳍与胸鳍呈白色；尾鳍偏深色。体长可达30cm。

【生态生境】栖息在沿海浅水礁石区，具领域性，以藻类、甲壳类、软体动物、海胆、海绵等为食。

【地理分布】印度洋，太平洋。从红海、东非海域、南非海域至马克萨斯群岛，北起日本南部海域，南迄豪勋爵岛。我国南海。

【GenBank】KU945210

【保护等级】unknown（未知）

【生态与应用价值】黑带锉鳞鲀为一类泛珊瑚礁区域的海水鱼，多活动于珊瑚礁丰茂的地区，杂食性强，觅食珊瑚和岩礁上的藻类、甲壳类、软体动物、海胆、海绵等，是珊瑚礁生态系统中重要的一类消费者。黑带锉鳞鲀不仅可以调节平衡珊瑚礁生态系统中各生物间的关系，还具有较强的环境适应性，可作为人工修复岛礁的优先恢复工程物种。

波纹钩鳞鲀
Balistapus undulates

鳞鲀科 Balistidae
钩鳞鲀属 *Balistapus*

【形态特征】波纹钩鳞鲀又称黄纹炮弹、黄带炮弹。体呈黄绿色，体表被骨质鳞片，有多条波状条纹，由背部延伸至腹后方，口上下都有条纹伸向胸鳍下方，上下颌齿为具缺刻的楔形齿，眼睛中等大小，尾鳍的钩状棘处有黑斑。第一背鳍鳍膜上有红褐色斑，第二背鳍、臀鳍、胸鳍和尾鳍呈黄色。体长可达 30cm。

【生态生境】热带珊瑚丛常见底层鱼类，活动在大块的珊瑚礁石边缘，它们掠食小型动物，也啃食礁石上的蠕虫、海葵及海藻等。

【地理分布】印度洋—太平洋的热带海域。西南可达非洲南端海域，西达红海，西北达印度海域，往东经马来半岛及印度尼西亚、菲律宾海域。我国海南岛，西沙群岛，南沙群岛等。

【GenBank】KU191063

【保护等级】unknown（未知）

【生态与应用价值】波纹钩鳞鲀为一类泛珊瑚礁区域的海水鱼，多活动于珊瑚礁丰茂的地区，杂食性强，是珊瑚礁生态系统中重要的一类消费者。波纹钩鳞鲀不仅可以调节平衡珊瑚礁生态系统中各生物间的关系，还具有较强的环境适应性，可作为人工修复岛礁的优先恢复工程物种。

黑边角鳞鲀
Melichthys vidua

鳞鲀科 Balistidae
角鳞鲀属 *Melichthys*

【形态特征】黑边角鳞鲀又称红尾炮弹、角板机鲀。体稍延长，呈长椭圆形，尾柄短。口端位，齿呈白色，无缺刻，至少最前齿为门牙状。眼前有一深沟。除口缘唇部无鳞外，全被骨质鳞片；峡部亦全被鳞；鳃裂后有大型骨质鳞片；尾柄鳞片无小棘列。背鳍2个，基底相接近，第一背鳍位于鳃孔上方，第Ⅰ棘粗大，第Ⅱ棘则细长，第Ⅲ背鳍棘极小，不明显；背鳍及臀鳍鳍条截平，前端较后端高，向后渐减；尾鳍截平。体呈深褐色或黑色；背鳍与臀鳍鳍条部呈白色，具黑边；尾鳍基部呈白色，后半部呈粉红色；胸鳍呈黄色。体长可达40cm。

【生态生境】为一类珊瑚礁生存的热带海水鱼。多活动于珊瑚礁周边，杂食性，觅食礁石区的有机碎屑、藻类、小型无脊椎动物及其他小型动物等。

【地理分布】印度洋，太平洋。红海，东非海域，新喀里多尼亚，土阿莫土群岛，澳大利亚大堡礁。日本海域。我国南海。

【GenBank】KU945187

【保护等级】unknown（未知）

【生态与应用价值】黑边角鳞鲀为一类泛珊瑚礁区域的海水鱼，多活动于珊瑚礁丰茂的地区，杂食性强，是珊瑚礁生态系统中重要的一类消费者。黑边角鳞鲀不仅可以调节平衡珊瑚礁生态系统中各生物间的关系，还具有较强的环境适应性，可作为人工修复岛礁的优先恢复工程物种。

绿拟鳞鲀
Balistoides viridescens

鳞鲀科 Balistidae
拟鳞鲀属 *Balistoides*

【形态特征】绿拟鳞鲀又称黄褐炮弹、褐拟鳞鲀。体稍延长，呈长椭圆形，尾柄短。口端位，齿呈白色，具缺刻。眼前有一深沟。除口缘唇部无鳞外，全被骨质鳞片；峡部几乎全被鳞，除口角后有一无鳞的水平绉褶外；鳃裂后有大型骨质鳞片；尾柄鳞片具小棘列，向前延伸但不越过背鳍鳍条后半部。背鳍2个，基底相接近，第一背鳍位于鳃孔上方，第Ⅰ棘粗大，第Ⅱ棘则细长，第Ⅲ背鳍棘明显，突出甚多；背鳍及臀鳍鳍条截平；尾鳍呈圆形。背鳍及臀鳍鳍条截平；尾柄鳞片具小棘列。成鱼体呈蓝褐色，每一鳞片具1个深蓝色斑点；有一深绿色带自眶间隔连接两眼，并向下延伸经鳃裂至胸鳍基部；峡部呈黄褐色；上唇与口角呈深绿色；

背鳍棘膜具深绿色条纹与斑点；第二背鳍、臀鳍与尾鳍呈黄褐色，鳍缘有1条深绿色宽带；胸鳍呈黄褐色。

【生态生境】主要分布于印度洋及太平洋的热带海域，栖息于珊瑚礁和潟湖中，杂食性，以海胆、甲壳类、软体动物等为食。

【地理分布】印度洋—太平洋的热带海域。在印度洋南达马达加斯加岛，北达红海及印度的安达曼群岛，东经马来半岛、印度尼西亚、菲律宾海域，往南到太平洋。我国海南岛，西沙群岛沿岸海域。

【GenBank】MF414922

【保护等级】unknown（未知）

【生态与应用价值】绿拟鳞鲀为一类泛珊瑚礁区域的海水鱼，多活动于珊瑚礁丰茂的地区，杂食性，是珊瑚礁生态系统中重要的一类消费者。绿拟鳞鲀不仅可以调节平衡珊瑚礁生态系统中各生物间的关系，还具有较强的环境适应性，可作为人工修复岛礁的优先恢复工程物种。

圆斑拟鳞鲀
Balistoides conspicillum

鳞鲀科 Balistidae
拟鳞鲀属 *Balistoides*

【形态特征】圆斑拟鳞鲀又称花斑拟鳞鲀、小丑炮弹。体稍延长，呈长椭圆形，尾柄短。口端位，齿呈白色，具缺刻。眼前有一深沟。除口缘唇部无鳞外，全被骨质鳞片；峡部亦全被鳞；鳃裂后有大型骨质鳞片；尾柄鳞片具小棘列，向前延伸但不越过背鳍鳍条后半部。背鳍2个，基底相接近，第一背鳍位于鳃孔上方，第Ⅰ棘粗大，第Ⅱ棘则细长，第Ⅲ背鳍棘明显，突出甚多；背鳍及臀鳍鳍条截平；尾鳍呈圆形。成鱼体呈深黑褐色；腹部有成列的大型白斑，背部在眼后至第二背鳍间呈黄色，具小黑斑；吻部呈黄色；眼前有一黄带。第一背鳍呈黑色，第二背鳍与臀鳍呈白色，基部与鳍缘呈橘黄色；胸鳍呈白色，基部呈黄色；尾鳍呈黄色，基部与鳍缘呈黑色。体长可达50cm。

【生态生境】为一类生活在珊瑚礁区的热带海水鱼，栖息于珊瑚礁和潟湖中，成鱼喜栖息在珊瑚礁外缘峭壁处，幼鱼则在超过20m的深峭壁洞穴或岩脊附近活动。该鱼适于生活在热带海域和珊瑚礁，深度为1-75m。有较强的杂食性，在珊瑚礁周边掠食小型动物，也啃食礁石上的蠕虫、海葵等，主要以小型无脊椎动物为食。

【地理分布】印度洋，太平洋。西起红海、非洲东岸，东至萨摩亚群岛，北起日本，南迄新喀里多尼亚。我国南海。

【GenBank】KU945207

【保护等级】unknown（未知）

【生态与应用价值】圆斑拟鳞鲀为一类泛珊瑚礁区域的海水鱼，多活动于珊瑚礁丰茂的地区，杂食性强，觅食珊瑚和岩礁上的藻类、鱼类、软体动物等，是珊瑚礁生态系统中重要的一类消费者。圆斑拟鳞鲀不仅可以调节平衡珊瑚礁生态系统中各生物间的关系，还具有较强的环境适应性，可作为人工修复岛礁的优先恢复工程物种。

红牙鳞鲀
Odonus niger

鳞鲀科 Balistidae
红牙鳞鲀属 *Odonus*

【形态特征】红牙鳞鲀又称魔鬼炮弹、红牙板机鲀。体稍延长，呈长椭圆形，尾柄短。口稍上位，齿呈红色，上颌有 1 对极长的犬齿。眼前有一深沟。除口缘唇部无鳞外，全被骨质鳞片；峡部亦全被鳞；鳃裂后有大型骨质鳞片；尾柄鳞片具小棘列。背鳍 2 个，基底相接近，第一背鳍位于鳃孔上方，第 I 棘粗大，第 II 棘则细长，第 III 背鳍棘明显；背鳍及臀鳍鳍条前端较长，向后渐短；尾鳍呈弯月形，上下叶延长为丝状。体色一致为蓝黑色，头部颜色较浅，带少许绿色，吻缘呈蓝色，有蓝纹自吻部延伸至眼部。体长可达 40cm。

【生态生境】为一类生活在近海区域的泛珊瑚礁区海水鱼。主要栖息在珊瑚礁区，以藻类和浮游生物为食。喜成群在近海巡游，偶尔活动于礁石区。

【地理分布】印度洋，太平洋。红海，东非海域，南非海域，塞舌尔群岛，留尼汪岛，关岛，圣诞岛，新喀里多尼亚，帕劳群岛，法属波利尼西亚。马尔代夫，印度，印度尼西亚，马来西亚，新几内亚，澳大利亚，密克罗尼西亚联邦，日本，斯里兰卡，泰国，越南，菲律宾，基里巴斯，东加等海域。我国台湾海域及南海诸岛。

【GenBank】KU945186

【保护等级】unknown（未知）

【生态与应用价值】红牙鳞鲀为一类泛珊瑚礁区域的海水鱼，多活动于珊瑚礁丰茂的地区，杂食性强，觅食珊瑚和岩礁上的藻类、鱼类、软体动物等，是珊瑚礁生态系统中重要的一类消费者。红牙鳞鲀不仅可以调节平衡珊瑚礁生态系统中各生物间的关系，还具有较强的环境适应性，可作为人工修复岛礁的优先恢复工程物种。

鲉形目 Scorpaeniformes

辐纹蓑鲉
Pterois radiata

鲉科 Scorpaenidae
蓑鲉属 *Pterois*

【形态特征】辐纹蓑鲉又称轴纹蓑鲉。体呈红棕色，具5或6条白色细长横纹，横纹接近鳍基部处分叉呈"Y"字形，尾柄处具2条白色细长纵纹，背鳍呈红色，硬棘与末端呈白色，胸鳍及腹鳍通常为红色或红褐色，鳍条呈白色，背鳍鳍条部、臀鳍及尾鳍皆为淡色，鳍条呈红色。体延长且侧扁，头中大，眼中大，上侧位，眼眶略突出于头背。口中大，斜裂，上下颌等长，下颌无锯齿状缘，亦不被细鳞，吻仅具1对短须，下鳃盖骨及间鳃盖骨无棘。额骨光滑，眶上棱高凸，具微小眼前棘与眼后棘各1个，眼间额棱不明显，无棘。侧筛骨光滑，眼前棘不明显。眶上棱高凸，眼上棘和眼后棘皆不明显。鳞片较大，弱栉鳞。头部、胸部及腹部鳞片细小，吻部、上下颌、眶前骨、眼间隔、头部腹面、鳃盖条部、眼间距及颈部无鳞，而眼后方、峡部、鳃盖大部分及间鳃盖骨上部具鳞片。胸鳍基部具鳞，背鳍、臀鳍、腹鳍及尾鳍无鳞。侧线上侧位，前端呈浅弧形，后端平直，末端延伸至尾鳍基部。背鳍长且大，胸鳍宽长，下侧位，无鳍条分离，长度超过尾鳍基部，无分枝鳍条，腹鳍延长且大，胸位，尾鳍呈圆形。体长可达24cm。

【生态生境】主要栖息于珊瑚、碎石或岩石底质的海域，以小型鱼类和其他小型无脊椎动物为食。

【地理分布】太平洋中部—印度洋北部。日本等海域。我国台湾海域及南海诸岛。

【GenBank】JQ432080

【保护等级】least concern（无危）

【生态与应用价值】辐纹蓑鲉为一类泛珊瑚礁区域的海水鱼，多活动于珊瑚礁丰茂的地区，觅食珊瑚礁小型鱼类及其他小型无脊椎动物，是珊瑚礁生态系统中重要的一类消费者。辐纹蓑鲉可调节平衡珊瑚礁生态系统中各生物间的关系，起到维持珊瑚礁生态系统稳定的作用。

鳗鲡目 Anguilliformes

密花裸胸鳝
Gymnothorax thyrsoideus

海鳝科 Muraenidae
裸胸鳝属 *Gymnothorax*

【形态特征】密花裸胸鳝又称密点裸胸鳝。体较为延长，吻部较钝。牙齿为圆锥状，上颌齿、锄骨齿和下颌齿前侧 2 列。脊椎骨数为 129-134。底色为黄褐色，周身密布暗褐色的小点；头前半部无斑点且较身体部位颜色更深。眼虹彩为纯白色，瞳孔的直径较其他种类更小；鳃孔的颜色较深。体长可达 65cm。

【生态生境】栖息在热带珊瑚礁和岩石缝隙中，常常将身体前半部分露出洞穴外，活动敏捷。

【地理分布】印度洋，太平洋。我国东南部近海及南海诸岛。

【GenBank】JQ431826

【保护等级】unknown（未知）

【生态与应用价值】密花裸胸鳝为一类泛珊瑚礁区域的海水鱼，多活动于珊瑚礁的地区，觅食珊瑚礁中小型鱼类和其他底栖动物等，是珊瑚礁生态系统中重要的一类消费者。密花裸胸鳝不仅可以控制珊瑚礁生态环境中各小型鱼类的数量，还可以调节平衡珊瑚礁生态系统中各生物间的关系，维持珊瑚礁生态系统的平衡。

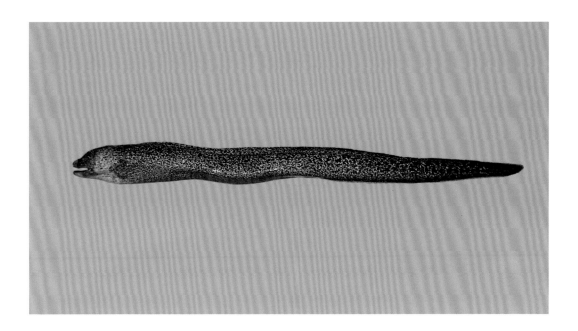

爪哇裸胸鳝
Gymnothorax javanicus

海鳝科 Muraenidae
裸胸鳝属 *Gymnothorax*

【形态特征】 爪哇裸胸鳝又称钱鳗、虎鳗。体延长而呈圆柱状，尾部侧扁。上下颌尖长，略呈勾状；颌齿单列，锄骨齿 1 或 2 列。脊椎骨数为 140-143。头上半部有许多碎黑斑点，体侧有 3 或 4 列黑色大斑，间隔有淡褐色网状条纹，随成长其大斑中心产生若干淡色的小斑，鳃孔及其周围为黑色。体长可达 300cm。

【生态生境】 主要分布于印度洋和太平洋海域，栖息在热带珊瑚礁和岩石缝隙中，蜷缩在洞内只露出头部，嗅觉灵敏但视力不佳，具领域性，活动敏捷，牙齿锐利，肉食性，以中小型鱼类和其他底栖动物为食。

【地理分布】 印度洋，太平洋。红海，东非海域，马贵斯群岛，萨摩亚群岛，新喀里多尼亚等。日本，印度尼西亚，美国夏威夷海域。我国南海。

【GenBank】 KU942769

【保护等级】 unknown（未知）

【生态与应用价值】 爪哇裸胸鳝为一类泛珊瑚礁区域的海水鱼，多活动于珊瑚礁的地区，觅食珊瑚礁中小型鱼类和其他底栖动物等，是珊瑚礁生态系统中重要的一类消费者。爪哇裸胸鳝不仅可以控制珊瑚礁生态系统中各小型鱼类的数量，还可以调节平衡珊瑚礁生态系统中各生物间的关系，维持珊瑚礁生态系统的平衡。

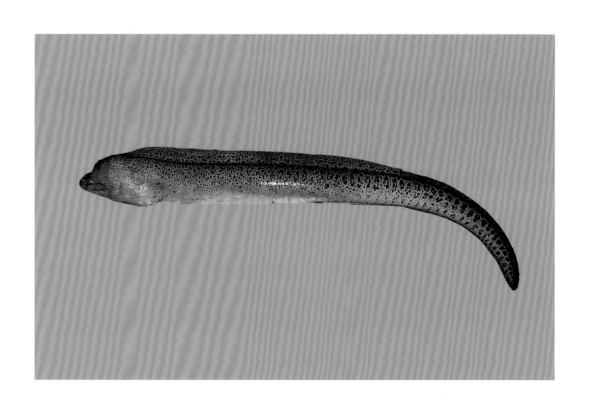

金眼鲷目 Beryciformes

红锯鳞鱼
Myripristis pralinia

鳂科 Holocentridae
锯鳞鱼属 *Myripristis*

【形态特征】红锯鳞鱼又称坚锯鳞鱼。体呈椭圆形或卵圆形，中等侧扁。头部具黏液囊，外露骨骼多有脊纹。眼大。口端位，斜裂；下颌骨前端外侧有 1 对颌联合齿，上颌具容纳颌联合齿的浅缺刻；颌骨、锄骨及腭骨均有绒毛状群齿。前鳃盖骨后下角无强棘；鳃盖骨及下眼眶骨均有强弱不一的硬棘。体被大型栉鳞；侧线完全，侧线鳞数为 37-39；胸鳍腋部无小鳞片。背鳍连续，单一，硬棘部及鳍条部间具深凹，具硬棘XI，鳍条 15 或 16 枚。臀鳍有硬棘Ⅳ，鳍条 14 或 15 枚；腹鳍硬棘Ⅰ，鳍条 5-8 枚（通常为 7 枚）；尾鳍呈深叉形。鳃盖膜至鳃盖骨棘上方有 1 条暗深红色的带斑。体背部呈红色，腹部则呈淡红色，各鳍呈红色，背鳍鳍条部及臀鳍的近基部处为透明，腹鳍棘则为白色。体长可达 20cm。

【生态生境】为暖水性珊瑚礁区中小型底层海鱼，栖所生态的夜行性鱼种，成一小群出现在洞穴或礁台的缝隙、珊瑚礁湖或珊瑚礁斜坡外围。主要摄食浮游动物。

【地理分布】东到夏威夷群岛及土阿莫土群岛，西到红海及马达加斯加岛，南到新几内亚海域。我国台湾南部海域及南海诸岛。

【GenBank】KF930163

【保护等级】least concern（无危）

【生态与应用价值】红锯鳞鱼为一类泛珊瑚礁区域的海水鱼，多活动于珊瑚礁区，觅食珊瑚礁中的浮游动物，是珊瑚礁生态系统中重要的一类消费者。

尾斑棘鳞鱼
Sargocentron caudimaculatum

金鳞鱼科 Holocentridae
棘鳞鱼属 *Sargocentron*

【形态特征】尾斑棘鳞鱼又称尾斑金鳞鱼、斑尾鳂。体呈深红色且有暗色条纹，鱼体呈椭圆形，中等侧扁。头部具黏液囊，外露骨骼多有脊纹。眼大。口端位，裂斜。下颌不凸出于上颌。前上颌骨的凹槽大约达眼窝的前缘；鼻骨的前端有2个分开的短棘；鼻窝有1个（少数有2个）小刺。体被大型栉鳞；侧线完全，侧线鳞数为40-43；颊上具4或5列斜鳞。鳃耙数为（5-8）+（11-13）=（16-21）。背鳍连续，单一，硬棘部及鳍条部间具深凹，具硬棘 XI，鳍条14；最后一根硬棘短于前一根硬棘。臀鳍有硬棘 IV，鳍条9；胸鳍鳍条13或14（通常为14）；尾鳍呈深叉形。体呈红色，鳞片的边缘呈银色；尾柄具银白色斑块（死亡之后消失）。背鳍的硬棘部呈淡红色，鳍膜具鲜红色缘。体长可达25cm。

【生态生境】栖息于珊瑚礁区或岩石底层海域，白天在礁石附近游动或躲在阴影处，夜间则游出觅食，以甲壳类及中小型鱼类为食。

【地理分布】印度洋和太平洋温热带海域。西起红海与东非海域，东到马绍尔群岛与法属波利尼西亚海域，北至日本海域，南至澳大利亚海域。我国南海及除西部外台湾海域。

【GenBank】KU943298

【保护等级】least concern（无危）

【生态与应用价值】尾斑棘鳞鱼为一类泛珊瑚礁区域的海水鱼，多活动于珊瑚礁的地区，觅食珊瑚礁中小型鱼类和甲壳类动物，是珊瑚礁生态系统中重要的一类消费者。尾斑棘鳞鱼不仅可以控制珊瑚礁生态环境中各小型鱼类的数量，还可以调节平衡珊瑚礁生态系统中各生物间的关系，维持珊瑚礁生态系统的平衡。

条新东洋鳂
Neoniphon samara

金鳞鱼科 Holocentridae
新东洋鳂属 *Neoniphon*

【形态特征】 条新东洋鳂又称莎姆金鳞鱼。体呈银白色，体较细长，中等侧扁。头部具黏液囊，外露骨骼多有脊纹。眼大。口端位，裂斜。下颌凸出于上颌。颌骨、锄骨及腭骨均有绒毛状群齿。前鳃盖骨后下角具Ⅰ强棘；鳃盖骨及下眼眶骨均有强弱不一的硬棘。体被大型栉鳞；侧线完全，侧线鳞数为38-43。背鳍连续，单一，硬棘部及鳍条部间具深凹，具硬棘Ⅺ，鳍条11或12枚（通常为12枚）；最后一根硬棘长于前一根硬棘。臀鳍有硬棘Ⅳ，鳍条7或8枚（通常为8枚），在背鳍第1-3棘有大圆黑斑，第二背鳍的第1鳍条和尾鳍上下缘有红色带；胸鳍鳍条13或14（通常为14）；尾鳍为深叉形。体侧上方略带桃色的银色，下方呈银色；每个鳞片上有1个暗红色到黑色的斑点。沿侧线具1条淡红的斑纹。背鳍、臀鳍及尾鳍的外缘呈淡红色，胸鳍呈淡粉红色，腹鳍呈白色。体长可达32cm。

【生态生境】 属夜行性鱼类，昼间栖息于岩礁间或洞穴内，白天以端角类为食，夜间则以小虾蟹为食。

【地理分布】 印度洋和太平洋温热带海域。西起红海与东非海域，东到马贵斯群岛与迪西岛，北至日本南部海域，小笠原群岛与夏威夷群岛，南至澳大利亚北部与罗德豪岛。我国南海及台湾东北部、北部、东部、南部海域，澎湖列岛，小琉球，兰屿和绿岛等。

【GenBank】 KU943291
【保护等级】 least concern（无危）
【生态与应用价值】 条新东洋鳂为一类泛珊瑚礁区域的海水鱼，多活动于珊瑚礁区，觅食珊瑚礁中小型动物，是珊瑚礁生态系统中重要的一类消费者。

颌针鱼目 Beloniformes

宽尾颌针鱼
Platybelone argalus

颌针鱼科 Belonidae
宽尾颌针鱼属 *Platybelone*

【形态特征】宽尾颌针鱼体极为细长，截面呈五边形，体宽大于体高。体背部为蓝绿色，体侧呈银白色，两颌突出，长达体长的1/4左右，下颌长于上颌。尾柄纵扁，有带鳞的侧隆起棱。背鳍与臀鳍相对，尾鳍呈叉形，下叶略长于上叶。体长可达50cm。

【生态生境】为夜行性鱼类，群居性，夜晚常成群巡游在珊瑚礁盘的水面上，主要以小型鱼类为食。

【地理分布】西到红海、毛里求斯海域，东到夏威夷群岛及学会群岛，南到澳大利亚海域，北到日本海域。我国台湾东部海域及南海诸岛。

【GenBank】KP194660

【保护等级】least concern（无危）

【生态与应用价值】宽尾颌针鱼为一类泛珊瑚礁区域的海水鱼，多活动于珊瑚礁区，觅食珊瑚礁中小型鱼类，是珊瑚礁生态系统中重要的一类消费者。宽尾颌针鱼可控制珊瑚礁生态系统中各小型鱼类的数量，维持珊瑚礁生态系统的平衡。

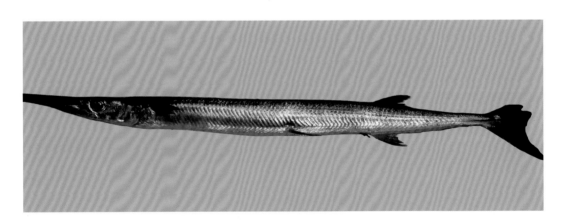

三　珊瑚礁藻类

　　大型海藻是南海十分常见的植物类群，是海洋生物资源的重要组成部分，也是南海珊瑚礁区待开发、利用和保护的重要对象。大型海藻营附着、定生生活，均隶属于三个门：红藻门、绿藻门及褐藻门。由于不同藻类所含的色素成分及与色素相关的光合作用产物象征着藻类进化的不同方向，因此将其作为大型海藻分门的一项重要依据。门以下的各级分类阶元则主要根据藻体形态、结构、生殖方式、生活史类型等特征进行划分。

　　自 2017 年 5 月至 2018 年 4 月对南海岛礁 25 个站位的大型底栖海藻进行了群落生态调查，通过形态学并基于 $tufA$、$CO\,I$ 和 $rbcL$ 分子标记进行了分子生物学鉴定，目前共鉴定获得大型底栖海藻 3 门 15 属 21 种，并对各藻种的形态特征、生殖结构、地理分布及生态与应用价值进行了较为详细的描述。

　　大型海藻分为钙化海藻和非钙化海藻。南海有十分丰富的大型钙化海藻资源，如红藻门的珊瑚藻属、绿藻门的仙掌藻属及褐藻门的团扇藻属。钙化海藻又名钙藻、石灰藻，其主要在细胞间沉积钙化物（主要是 $CaCO_3$），对近岸海域的碳循环起着重要作用，整个植物体或部分器官都易保存为钙质化石，是研究生物演化、古环境变化的珍稀样本。目前研究显示，光照、温度、水动力、浑浊度及海水 pH 等环境因素会对钙化海藻的生长及钙化作用造成影响。钙化海藻具有十分重要的生态功能，一方面通过光合作用固定 CO_2，促使 CO_2 由大气向海水中溶入；另一方面通过钙化作用形成 $CaCO_3$ 沉积，在海洋碳循环和关键地球化学过程中起作用。另外钙化海藻在岛礁生态修复过程中具有巨大的应用价值和潜力，是重要的生物礁造架物种。在造礁功能上主要体现在以下 5 个方面：①通过自身的钙化作用，为生物礁的生长供应微小碳酸盐颗粒沉积物；②利用自身形成的节片结构和生物捆扎 - 黏结结构参与造礁；③生物礁区环境的重要开拓者群团；④生物礁区最主要的保护者群团；⑤生物礁的主要造架者群团。同时，南海诸岛存在大量的非钙化藻类，这些藻类虽不能直接参与造礁过程，但其在维护生态系统稳定和平衡过程中发挥重要作用。一方面，大型藻类是岛礁生态系统初级生产力的重要来源之一，是大量其他岛礁生物的食物来源，同时为大量鱼类和底栖动物提供了适宜生境，是维护珊瑚礁生物多样性的重要贡献者。另一方面，非钙化藻类与珊瑚和钙化藻等造礁生物存在竞争关系，其过度生长和繁殖也会对珊瑚礁的造礁过程产生不利影响。因此，研究西南沙群岛大型海藻生物学特性、生理生化指标、资源现状及生态功能，对于岛礁生态系统的保护与可持续发展具有重要意义。

褐藻门 Ochrophyta

褐藻纲 Phaeophyceae

网地藻目 Dictyotales

树状团扇藻
Padina arborescens

网地藻科 Dictyotaceae
团扇藻属 *Padina*

【形态特征】藻体黄褐色，扁平扇形，边缘全缘或浅裂，藻体基部卷曲，向柄部长有浅黄色毛，基部有假根状固着器和短柄，边缘生长，丛生；叶片上有不甚明显的同心毛发带。藻体内部由髓部与皮层组成，藻体细胞为3层以上，藻体下部细胞为10层以上，表面含有钙质。

【繁殖】生殖细胞均群生于藻体表面的同心纹层上或纹层间。无性生殖时形成四分孢子囊，有性生殖形成精子囊和卵囊。

【生态生境】生长在中、低潮带岩石上或死珊瑚枝上。

【地理分布】热带和温带海区。我国福建，广东，海南沿海及西沙群岛。

【GenBank】AB087122

【保护等级】least concern（无危）

【生态与应用价值】作为珊瑚礁生态系统中的重要组成部分，具有重要的生态学意义。其甲醇提取物能够保护细胞免受高糖引起的损伤，并能显著恢复细胞的生存能力，在抑制高糖诱导的人脐静脉内皮细胞氧化损伤过程中具有潜在的价值。

小团扇藻
Padina minor

网地藻科 Dictyotaceae
团扇藻属 *Padina*

【形态特征】藻体黄褐色，扁平扇形，藻体上部常裂成几片，基部呈柄状，顶端边缘展开，丛生。下部表面硬，有石灰质，轻度钙化。藻体内部由髓部与皮层组成，藻体细胞为2层以上，藻体下部细胞为10层以上。

【繁殖】四分孢子囊集生于藻体中部的毛线带之间。

【生态生境】生长在潮下带岩石上或死珊瑚体上。

【地理分布】热带和温带海区。我国海南海域及西沙群岛，南沙群岛。

【GenBank】AB358922

【保护等级】least concern（无危）

【生态与应用价值】珊瑚礁生态系统中的重要组成部分，可通过光合作用提供初级生产力，维持生态系统生物多样性；钙化作用产生碳酸钙沉积可参与珊瑚礁体的构建，具有重要的生态学意义。此外，藻体提取物具有抗氧化及抗炎作用。

叉开网翼藻
Dictyopteris divaricata

网地藻科 Dictyotaceae
网翼藻属 *Dictyopteris*

【**形态特征**】藻体褐色，扁平，较硬，复叉状分枝，具有明显的中肋，主枝下部为圆柱形，上部及分枝扁平，固着器为盘状，体表生有成束的毛。长 10-20cm，叶片宽 10-20mm，黏滑，易破碎。藻体最初为囊状，中空，有粗孔，其后破裂为许多裂片并相互重叠。生长于低潮线附近岩石上。

【**繁殖**】无性繁殖及有性繁殖。无性繁殖产生不动孢子，孢子囊小，为长卵形，形成于老的藻体上部，斜列，排于中肋两侧。有性生殖为卵式生殖，精子为梨形，具一根鞭毛，卵囊和精子囊散生。

【**生态生境**】为泛热带性藻类，喜生活在流水通畅、透明度较大的冷水海域，丛生于低潮带的岩石和石沼中及大潮线下 1-4m 深的岩石上。

【**地理分布**】美洲太平洋（美国加利福尼亚州南部至厄瓜多尔海域），美洲大西洋沿岸，大西洋东岸，印度洋。红海，马来群岛。日本，澳大利亚，越南南部海域。我国渤海，黄海和南海。

【**GenBank**】AB099950.1

【**保护等级**】least concern（无危）

【**生态与应用价值**】文献报道主要从中分离得到了吉马烷骨架倍半萜、荜澄茄倍半萜、杜松烷类倍半萜、降碳倍半萜和新骨架的倍半萜。初步药理活性筛选表明，叉开网翼藻乙醇提取物的乙酸乙酯可溶性部分对肿瘤细胞 B16-BL6（黑色素瘤）和 A2780（人卵巢癌）有较强的抑制作用。

墨角藻目 Fucales

羊栖菜
Hizikia fusiformis

马尾藻科 Sargassaceae
羊栖菜属 *Hizikia*

【形态特征】 藻体黄褐色，肥厚多汁，高40-100cm，甚至可达 2m 以上。藻体分为固着器、主干、主枝、分枝、藻叶、气囊、生殖托等几部分。固着器呈假根状等；主干为圆柱状，向四周分枝；藻叶肉质肥厚，形态变异很大，初生藻叶多为扁平卵圆形，但很快脱落，次生藻叶长短不一，匙形或线形，具有毛窝。边缘全缘或有浅锯齿，顶端常膨大转为气囊，气囊呈纺锤形或梨形，长可达 15mm，囊柄长短不一，可达 2cm。气囊主要使藻体浮在水中，接受更多的阳光和吸收养料，进行光合作用，促进代谢。生活史中只有单一独立生活的二倍体世代。

【繁殖】 只有孢子体世代，没有世代交替。没有无性繁殖，雌雄异株，生殖托从叶腋部长出，生殖托圆柱状，顶端钝，基部有柄，单条或偶尔有分枝。

【生态生境】 为热带、温带性海藻，主要生长于低潮带或大潮线下的岩石上，经常被海浪冲击的地方。多年生，藻体生长和发育明显受温度、光照、盐度及潮汐、营养盐等环境因子的影响。其中温度和光照是最主要的影响因子。南海的羊栖菜成熟期较早，一般为 2-6 月。

【地理分布】 我国北方沿海，浙江、福建、广东海域及南海。

【GenBank】 AY449537.1

【保护等级】 least concern（无危）

【生态与应用价值】 羊栖菜是潮间带和潮下带海藻区系的重要组成部分，作为主要支持生物构成的海藻床不仅可以吸收氮、磷等生源要素以改善海域环境条件，还对维持海域动植物区系物种的丰度具有重要的生态价值。另外，羊栖菜还具有重要的药用价值，南齐陶弘景（公元 452-536）所著《神农本草经》记载了羊栖菜并描述了其食疗性质和使用方法。同时还有消食化瘀、降血脂、抗血栓以及消除大脑疲劳、促进儿童发育、增进机体免疫力、延缓衰老等功效。羊栖菜中的岩藻甾醇和马尾藻甾醇可保持生物内环境稳定、控制糖原和矿物质的代谢、调节应激反应、防治癌症、明显降低血中胆固醇等。羊栖菜还含有较高的微量元素，人称长寿菜。

喇叭藻
Turbinaria ornata

马尾藻科 Sargassaceae
喇叭藻属 *Turbinaria*

【形态特征】藻体黄褐色，直立具有分枝，基部有锥盘状的固着器固着在珊瑚礁上。在固着器上方有数条分叉的亚圆柱形或扁平向下的匍匐枝，它的顶端生有附着器。茎的下部具明显的疣状突起，这是小枝或藻叶脱落留下的痕迹。藻叶多为喇叭形，由细长的亚圆柱形叶柄和三棱形、倒锥形或喇叭形的叶片组成，边缘多具有齿。顶端冠有 1 或 2 列向上的锯齿。藻叶的形状、大小因种类不同而异。叶片具气囊，其一般埋在叶片中央。点状黑褐色鼓起的毛窝分散在叶的各处。

【繁殖】藻体为孢子体，生殖托由叶腋生出，繁殖时藻体为雌雄同株，生殖窝为雌雄同窝。

【生态生境】喇叭藻新植株在 4 月开始生长，10-12 月生长到中等大小。生长在水较深的珊瑚礁石上的个体较大，一般有 20-30cm 高；而生长在浅水中的个体较小，只有约 10cm。

【地理分布】我国西沙群岛，东沙群岛，南沙群岛，台湾东南部海域。

【GenBank】JF718405

【保护等级】least concern（无危）

【生态与应用价值】喇叭藻含有褐藻胶、甘露醇、碘，可以作为医药、食品和化工原料。来自喇叭藻属的硫酸多糖具有多种生物活性，能够保护老鼠心脏对抗心肌损伤、缓和胰腺癌进程、抗 HIV 病毒等；其粗水提取物具有 α- 葡萄糖苷酶抑制活性，有望用于治疗高血糖等疾病。

红藻门 Rhodophyta

红藻纲 Florideophyceae

海索面目 Nemaliales

中国粉枝藻
Liagora sinensis

粉枝藻科 Liagoraceae
粉枝藻属 *Liagora*

【形态特征】藻体强钙质化，丛生，高4-6cm，分枝茂密，具有略不规则的叉状分枝，除顶端外，枝腋不广开。中轴丝呈圆柱形，宽 10-17.5μm。其基部细胞呈圆柱状，上部渐短，呈椭圆形或倒卵形。

【繁殖】雌雄异体，雄体的精母细胞集生于同化丝的顶端或下面第 2、3 个细胞的周围，精子囊呈球形，基部有明显的柄，生于同化丝顶部，直径约为 2.5μm。雌性藻体的果胞枝具 3 个细胞，顶生于同化丝第 2、3 次的叉状分枝上，直立，略弯曲。果胞呈锥形，受精后合子首先横裂为上、下 2 个子细胞，上面的子细胞向两侧纵裂为原始产孢丝细胞，向上又分裂产生新的产孢丝，为 3 或 4 回叉状。成熟的产孢丝末端细胞产生椭球形果孢子囊，产孢丝形成的囊果为半球形，外有包围丝包裹。

【生态生境】本种为热带藻类，生长在中、低潮带珊瑚礁或石沼中，夏季出现。

【地理分布】我国海南海域。

【GenBank】暂无

【保护等级】least concern（无危）

【生态与应用价值】中国粉枝藻是粉枝藻属中钙化程度较高的种，是南海海域珊瑚礁区的常见藻种，充分利用自身形成的节片结构和生物捆扎 - 黏结结构参与造礁，同时为珊瑚礁的建造提供了大量的碳酸盐颗粒。

樊氏粉枝藻
Liagora fanii

粉枝藻科 Liagoraceae
粉枝藻属 *Liagora*

【形态特征】藻体为紫红色带灰色，含有丰富的石灰质，高 5-8cm，具有 5 或 6 回叉状分枝，主枝直径约为 2mm，分枝直径为 0.5-1mm，有的分枝表面还有浅沟和环纹。髓丝为圆柱形，两端较细，同化丝自髓丝的两端交接处伸出。一般长 250-370μm，3-5 回叉状分枝，上部细胞长椭圆形，末端细胞椭圆形或卵形，直径 4-8μm，长 5-13μm。下部细胞呈棒形，直径 10-18μm，长 56-93μm；根样丝由同化丝的下部细胞及髓丝伸出，直径 4-6μm。

【繁殖】雌雄同体，精子囊生于同化丝的末端细胞，单个或成对，呈卵圆形或圆形，无柄。果胞枝由 4 或 5 个细胞组成，侧生于分枝稍下位置。果胞呈锥形，直径为 9-10μm，长为 13-26μm。受精后果胞分裂为上、下 2 个子细胞，上面的子细胞分裂形成 2-3 回分枝的帚状产孢丝。产孢丝直径 4-5μm，长 5μm。支持细胞邻近的细胞则产生分枝状的包围丝围绕着囊果。

【生态生境】暖海性海藻，多生于低潮带下 2-3m 深的珊瑚礁上。

【地理分布】我国南海。

【GenBank】暂无

【保护等级】least concern（无危）

【生态与应用价值】粉枝藻属提取物具有潜在的抗真菌、抗氧化及抗肿瘤活性，该种的钙化程度较高，是珊瑚礁生态系统中的重要组成部分，提供初级生产力，维持生态系统生物多样性，其含有的丰富石灰质参与珊瑚礁体的构建，具有重要的生态学意义。

叉枝粉枝藻
Liagora divaricata

粉枝藻科 Liagoraceae
粉枝藻属 *Liagora*

【形态特征】藻体为淡红色或灰白色，含有丰富的石灰质，高3-5cm，3或4回叉状分枝，末端渐尖细，呈较规则二叉分枝，主枝呈圆柱状，直径为1-2mm，髓丝呈圆柱状，末端渐尖细。同化丝一般5或6回叉状分枝，扩展为扇状，长176-285μm。

【繁殖】卵式生殖，雌雄异体。雄性精母细胞常聚生于同化丝顶端或下面2/3个细胞周围，每一精母细胞顶端或两侧产生1或2个以上精子囊，整个精子囊枝扩展为伞形。精子囊球状或卵形，直径2-4μm，基部有柄。由4-5个细胞组成的果孢枝生于同化丝下部细胞侧面，长32-52μm，直径12-14μm。果孢受精后横裂成上下2个子细胞，上面的子细胞产生数个产孢丝，产孢丝分枝成放射状，产孢丝顶端产生果孢子囊。

【生态生境】多生于中潮带或低潮带的岩石或珊瑚礁上。

【地理分布】越南和美国夏威夷海域。我国南海，海南岛的琼海及崖县等海域。

【GenBank】HQ423117.1

【保护等级】least concern（无危）

【生态与应用价值】珊瑚礁生态系统中的重要组成部分，提供初级生产力，维持生态系统生物多样性，其含有的石灰质参与珊瑚礁体的构建，具有重要的生态学意义。

圆果胞藻
Tricleocarpa cylindrica

乳节藻科 Galaxauraceae
果胞藻属 *Tricleocarpa*

【形态特征】藻体为粉红色至紫色，坚硬、高度钙化，直立生长，形成密集的簇状群落。通常为规则的重复性二叉分枝。分节，具有钙化的节间与不钙化的节。藻体内部由髓部与皮层组成，髓部丝状交错，皮层 3 或 4 层，皮层细胞间不发生细胞融合。

【繁殖】植株多为雌雄异体，偶见雌雄同株。

【生态生境】分布在潮间带中部和潮下带上部的岩石、礁石或死珊瑚体上。

【地理分布】我国西沙群岛，南沙群岛，海南及台湾海域。

【GenBank】暂无

【保护等级】least concern（无危）

【生态与应用价值】圆果胞藻是珊瑚礁生态系统中的一种钙化海藻，能提供初级生产力，维持生态系统生物多样性，钙化作用产生碳酸钙沉积物可参与珊瑚礁体的构建，具有重要的生态学意义。

仙菜目 Ceramiales

南海凹顶藻
Laurencia nanhaiensis

松节藻科 Rhodomelaceae
凹顶藻属 *Laurencia*

【形态特征】藻体由几个直立轴组成，基部由初生盘状固着器及次生附着假根组成，直立轴长达 16cm，干藻体为淡绿蓝色，幼嫩小枝和末端小枝为褐红色，主轴一般及顶，有时不明显，圆柱状，直径达 3.5mm，分枝为亚轮生、对生或互生，分枝可达 5 或 6 级。顶端凹陷处生有毛丝体，每个轴细胞有四个围轴细胞，表皮细胞间有次生纹孔连接。

【繁殖】四分孢子囊小枝呈圆柱状至棒状，直径为 0.3-0.8mm，顶端呈截形且稍膨大。四分孢子囊在端部分枝及次端部分枝上形成，成熟的四分孢子囊直径为 90-140μm。未见有性植株。

【生态生境】分布于南海低潮带至潮下带的死珊瑚或岩石上，为我国特有种。

【地理分布】我国海南岛。

【GenBank】暂无

【保护等级】least concern（无危）

【生态与应用价值】南海凹顶藻是珊瑚礁生态系统中的重要组成部分，提供初级生产力，是海洋生态系统生物多样性的组成部分，具有重要的生态学意义。

复生凹顶藻
Laurencia composita

松节藻科 Rhodomelaceae
凹顶藻属 *Laurencia*

【**形态特征**】藻体直立，丛生，基部具有匍匐枝。直立部分高约 15cm，黑紫色，柔软。主轴明显及顶，呈圆柱状，直径为 1-1.6mm，不规则复羽状分枝。第一级枝较长，次级枝短，小枝是放射状排列，互生或对生。分枝可达四级。主轴和第一级分枝上产生很多附枝。顶端凹陷处生有毛丝体，每个轴细胞有四个围轴细胞，表皮细胞间有次生纹孔连接。

【**繁殖**】四分孢子囊在分枝端部形成，其小枝呈圆柱状、棍棒状，顶钝。四分孢子囊与轴平行排列。精子囊凹陷呈杯状，末端产生小枝，其分枝端部有 1 个大的不育细胞。

【**生态生境**】多生长在潮间带的中上部。

【**地理分布**】我国海南岛。

【**GenBank**】暂无

【**保护等级**】least concern（无危）

【**生态与应用价值**】复生凹顶藻是珊瑚礁生态系统中的重要组成部分，提供初级生产力，维持生态系统生物多样性，具有重要的生态学意义。

真红藻纲 Florideophyceae

珊瑚藻目 Corallinales

宽扁叉节藻
Amphiroa dilatata

石叶藻科 Lithophyllaceae
叉节藻属 *Amphiroa*

【形态特征】藻体为灰紫色、紫红色，具石灰质，直立，高 2-3cm。叶状体扁平有环状节间表面平滑、规则的二叉分枝，展开呈扇形。主枝上每一节的顶端部有 3 个小的分枝，侧枝的顶端有 2 个小的分枝，小枝的顶端有 5 个轮生小枝，均匀地分布在小枝顶端，轮生的小枝顶端钝圆。节间近基部呈圆柱状，分枝的中部和上部节间大多扁压，节间部长 3-5mm，宽 0.6-0.9mm。节间部由髓质和皮层组成，节间的髓部由 3 或 4 横列长为 85-110μm 的细胞组成，还有 1 列短的细胞互生，节间部皮层较厚。

【繁殖】生殖器官分布在藻体最末端小枝的顶端，隆起，孢子囊生殖窝侧生在节间的表面，径长为 200-320μm，四分孢子囊短径为 30-40μm，长径为 60-80μm。

【生态生境】宽扁叉节藻多密集生长在中低潮带石沼中的岩石上。

【地理分布】印度洋。朝鲜半岛。印度尼西亚，越南，菲律宾，日本，澳大利亚等热带、亚热带和暖温带海域。我国浙江、福建、广东、海南沿海，西沙群岛。

【GenBank】暂无

【保护等级】least concern（无危）

【生态与应用价值】宽扁叉节藻是珊瑚礁生态系统中的重要组成部分，提供初级生产力，并参与珊瑚礁体的构建，具有重要的生态学意义。文献报道，其甲醇提取物对人纤维肉瘤细胞内活性氧诱导的氧化损伤具有良好的保护作用，可降低细胞中基质金属蛋白酶的表达水平，不具任何细胞毒性影响。宽扁叉节藻是一种具有广阔应用前景的抗氧化损伤功能食品的原料。

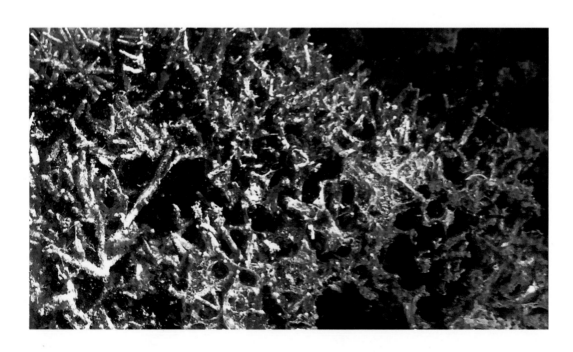

脆叉节藻
Amphiroa fragilissima

珊瑚藻科 Corallinaceae
叉节藻属 *Amphiroa*

【形态特征】藻体为粉红色至紫色，新生藻体顶端为粉红色至白色，高度钙化，高2-4cm。叉状分枝的直立枝，枝间夹角通常为锐角，为规则的二叉状，少三叉分枝或不定分枝。具有钙化的节间与不钙化的节，分枝呈圆柱形或亚圆柱形。节间由髓部和皮层组成，髓部由4-7列长为20-40μm的细胞和1列短细胞（2-5μm）交替排列，皮层由2-4层矩形状的细胞组成。节的髓部由2-4列细长的细胞层组成，皮层由矩形状的细胞组成。

【繁殖】生殖细胞在生殖窝内形成，生殖窝隆起于具有生殖力的节间表面，有时连续生成生殖窝。孢子囊成熟时产生四分孢子。当初生生殖细胞顶上被外围丝体覆盖时形成有性生殖窝。精子囊分布在生殖窝的底面和侧壁，可产生不动精子。果胞的生殖窝有支持细胞和果胞枝，支持细胞和果胞也位于生殖窝内。精子释放后随水漂流，到达果胞顶端的受精丝进入果胞基部，与卵核结合成合子。合子不离开母体，经发育过程后形成果孢子囊（囊果），囊果成熟后释放果孢子，进而萌发成幼孢子体，长成一至数个藻体。

【生态生境】分布在低潮带和潮下带2-3m水深处的岩石或礁石上。

【地理分布】印度洋。所罗门群岛。越南，菲律宾，日本等热带、亚热带和暖温带海域。我国西沙群岛，南沙群岛，海南及台湾海域。

【GenBank】EF033599

【保护等级】least concern（无危）

【生态与应用价值】脆叉节藻是珊瑚礁生态系统中的重要组成部分，提供初级生产力和碳酸钙沉积物，具有重要的生态学意义。文献报道，其甲醇粗提物在50μg mL^{-1}剂量下具有催产和引起痉挛的效应。

叶状叉节藻
Amphiroa foliacea

珊瑚藻科 Corallinaceae
叉节藻属 *Amphiroa*

【形态特征】藻体为粉红色至紫色，坚硬，高度钙化，匍匐或直立生长，形成密集的块状群落。叉状分枝的直立枝，枝间夹角通常为直角或锐角，为不规则的二叉分枝或三叉分枝。分节，具有钙化的节间与不钙化的节，分枝近圆柱形或扁平状。节间由髓部和皮层组成，髓部由 3-5 列长为 40-75μm 的细胞和 1 列短细胞（16-25μm）交替排列。节由 5 列以上细胞组成。具有异形胞，相邻藻丝间通过次生纹孔连接。

【繁殖】生殖细胞在生殖窝内形成，生殖窝隆起于具有生殖力的节间表面，有时连续生成生殖窝。孢子囊成熟时产生四分孢子，偶见双孢子囊。

【生态生境】分布在潮间带到潮下的岩石、礁石或死珊瑚体上。

【地理分布】印度洋。夏威夷群岛，加拉帕戈斯群岛，所罗门群岛。马来西亚，越南，菲律宾，印度尼西亚，日本等热带、亚热带和暖温带海域。我国南沙群岛，海南及台湾海域。

【GenBank】GQ227513

【保护等级】least concern（无危）

【生态与应用价值】叶状叉节藻是珊瑚礁生态系统中的重要组成部分，提供初级生产力和碳酸钙沉积物，参与珊瑚礁体的构建并维持生态系统生物多样性，具有重要的生态学意义。

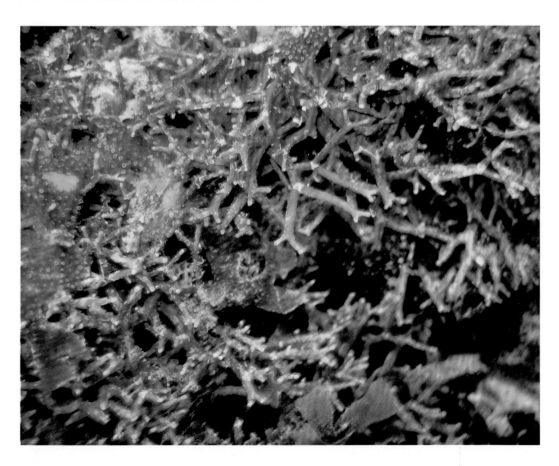

珊瑚藻
Corallina officinalis

珊瑚藻科 Corallinaceae
珊瑚藻属 *Corallina*

【形态特征】珊瑚藻通常有皮壳状、枝状、瘤块状 3 种不同形态。皮壳状珊瑚藻多呈匍匐状，髓部有同轴型和非同轴型 2 种构造，生殖窝一般位于皮层；枝状珊瑚藻多呈圆柱状、扁平状或灌木状等，其发育的髓部多由等长或长短相间的细胞列构成，呈弓形层，髓部相邻丝体上的横隔壁大多在 1 条弧线上，生殖窝多侧生于皮层；瘤块状珊瑚藻多有突起的瘤块，凹凸不平，其皮层一般比髓部更发育。藻体坚硬易碎，细胞壁中充满碳酸钙，藻体主轴及分枝由钙化的节间和不钙化的节规则地相间排列；主轴以壳状固着器附着在基质上，有些种类变态成为匍匐茎状或内生胚栓。

【繁殖】生殖细胞发育在生殖窝内，受精后果胞与支持细胞连接，由支持细胞侧面形成大的融合细胞，再产生果孢子囊。

【生态生境】具有较宽的生态幅，从两极到热带海域、从潮间带到 400m 水深的海底，甚至在巴哈马 880m 水深的海底也发现了存活的皮壳状珊瑚藻（crustose coralline algae，CCA）。适于在盐度稳定、透明度高的海水中生长。某些壳状珊瑚藻由于含有藻红蛋白，可以利用蓝光进行光合作用，因此可以在低光照、高深度的海水中生长。

【地理分布】印度洋。朝鲜半岛。日本等热带、亚热带和暖温带海域。我国辽宁，山东，浙江，福建等海域。

【GenBank】KJ960643

【保护等级】least concern（无危）

【生态与应用价值】珊瑚藻是珊瑚礁生态系统中的重要组成部分，提供初级生产力以维持生态系统生物多样性，产生碳酸钙沉积以参与珊瑚礁体的构建，具有重要的生态学意义。另外，珊瑚藻具有溴化钒过氧化物酶活性，其中分离得到的硫酸多糖具有良好的抗氧化活性。

冈村石叶藻
Lithophyllum okamurae

珊瑚藻科 Corallinaceae
石叶藻属 *Lithophyllum*

【形态特征】藻体为粉红色，无节，高度钙化，壳状藻体通常牢固地附着在基质上，厚 0.5-3mm，表面生出乳头状凸起。其髓部主要由单层矩形或亚长方形细胞组成，皮层由数层矩形或亚正方形细胞组成，髓部和皮层相邻细胞列间常见次生孔状联系。表皮由 1-3 层矩形或亚正方形细胞组成，前者直径为 4-7μm，后者高为 3-6μm，直径为 5-9μm。

【繁殖】藻体具有有性生殖与无性生殖，其配子囊、四分孢子囊和二分孢子囊生长在单孔的生殖窝内，生殖窝多埋在藻体中，皮壳部和凸起部均有。四分孢子囊和二分孢子囊生殖窝含有囊轴，内径为 170（240）-265（300）μm，高 100（125）-150μm；四分孢子囊呈长卵形，长 39.6-52.8μm，径为 9.9-23.1μm，侧生于窠底四周。配子雌雄同体，果胞精子囊产生于不同的生殖窝内。精子囊丝不分枝，位于雄性生殖窝的腔底。

【生态生境】广泛分布于我国西沙群岛与南沙群岛，可成片地生长在受到风浪冲击的珊瑚礁礁缘上，形成粉红色的"水石藻脊"。

【地理分布】印度洋。朝鲜半岛，波利尼西亚。斯里兰卡，越南，菲律宾，日本，新几内亚等热带、亚热带和暖温带海域。我国海南三亚海域，西沙群岛，南沙群岛等。

【GenBank】MH663996

【保护等级】least concern（无危）

【生态与应用价值】能够进行光合和钙化作用，为珊瑚礁生态系统提供初级生产力和碳酸钙沉积物，维持生态系统生物多样性并参与珊瑚礁体的构建，稳固礁体，具有重要的生态学意义。

微凹石叶藻
Lithophyllum kotschyanum

珊瑚藻科 Corallinaceae
石叶藻属 *Lithophyllum*

【形态特征】藻体为浅红色，无节，高度钙化，有背腹之分，表面生出乳头状凸起，突起为短而粗壮的亚二叉状分枝，它们紧密聚集或相互交错，分枝顶部圆或扁平，有时稍凹陷。在直立突起的部分，髓部细胞呈亚长方形，皮层细胞多层，细胞呈亚方形，相邻细胞列之间常有次生孔状联系。

【繁殖】孢子囊窝单孔，沿枝的侧面产生，稍突出于体表。

【生态生境】一般生长在低潮带礁石上。

【地理分布】印度洋的拉克代夫群岛，美国关岛。马尔代夫群岛，塞舌尔群岛，马达加斯加群岛，留尼汪岛，塔西提岛，罗德里格斯岛。毛里求斯，日本等热带、亚热带和暖温带海域。我国海南。

【GenBank】DQ628975

【保护等级】least concern（无危）

【生态与应用价值】微凹石叶藻是珊瑚礁生态系统中的重要组成部分，通过光合作用提升珊瑚礁生态系统的能量流动和较高的初级生产力，维持生态系统的高效物质循环；通过钙化作用形成碳酸钙，为礁体构建提供钙质来源，并稳固礁体，具有重要的生态学意义。

太平洋壳石藻
Crustaphytum pacificum

珊瑚藻科 Corallinaceae
壳石藻属 *Crustaphytum*

【形态特征】藻体整体钙化，皮壳状，表面粗糙，较薄，易碎，疏松或坚固的附着于石头上，常有游离的波浪状边缘。藻体在基质表面延伸，常可覆盖住整个基质，直径可达20cm。成熟藻体厚约300.0-750.0μm，具有背腹性，为一组织性假薄壁组织结构。其中，髓部藻丝共轴，排列形成平卧的细胞弓形层，髓部藻丝细胞径6.0-15.0μm，长19.0-25.0μm，成熟藻体的髓部细胞内有大量的红藻淀粉；皮层细胞小，为正方形或长方形，正方形细胞二径（6.0～）8.0-12.0μm，长方形细胞径5.0-12.0μm，高8.0-16.0（～26）μm；表皮细胞1-2层，呈压扁状，径6.0-11.0μm，高4.0-9.0μm。在藻体的髓部和皮层部，相邻藻丝细胞间细胞融合现象常见，细胞间没有次生纹孔连结。在藻体的皮层部，有栅状细胞分布。

【繁殖】成熟无性繁殖藻体的皮壳部上着生有大小不等的四分孢子囊生殖窝，生殖窝多孔，外径330.0-480.0μm，内径230.0-320.0μm，高145.0-156.0μm。生殖窝孔开口径为16.5-18.5μm，孔道具有栓塞。孢子无鞭毛，放散后随水流扩散。在合适的环境条件及基质上附着，萌发并生长。

【生态生境】一般生长在低潮带岩石或贝壳上。

【地理分布】我国台湾及海南海域，南海诸岛等。

【GenBank】MK530113

【保护等级】near concern（无危）

【生态与应用价值】中叶藻是珊瑚礁生态系统中的重要组成部分，可提供高初级生产力和碳酸钙沉积物，参与珊瑚礁体的构建，并能将破碎的生物残体粘连在一起，起到稳固礁体的作用，具有重要的生态学意义。

萨摩亚水石藻
Hydrolithon samoense

珊瑚藻科 Corallinaceae
水石藻属 *Hydrolithon*

【形态特征】藻体呈皮壳状，无节，呈粉红色或黄色-粉红色，固着生长在死珊瑚、贝壳和礁石上，表面近于光滑。基部细胞单层，皮层厚，无次生胞间孔状联系，有胞间融合。

【繁殖】孢子囊形成于藻体表面下藻丝中的单孔生殖窝里，生殖窝凸出或稍凸出于壳的表面，四分孢子囊多十字形分裂，少量带形分裂，未见配子囊。

【生态生境】分布在潮间带及潮下带礁石或死珊瑚上。

【地理分布】大西洋，印度洋。波利尼西亚。越南，日本等海域。我国辽宁，山东海域。

【GenBank】AY234236

【保护等级】least concern（无危）

【生态与应用价值】作为珊瑚礁生态系统中的重要组成部分，不仅能够通过光合作用为珊瑚礁生态系统提供初级生产力，还能通过钙化作用产生碳酸钙沉积物，参与珊瑚礁体的构建、稳固礁体，具有重要的生态学意义。

水石藻
Hydrolithon reinboldii

珊瑚藻科 Corallinaceae
水石藻属 *Hydrolithon*

【形态特征】藻体为红色至淡紫色，皮壳状，无节，紧紧固着在死珊瑚、岩石或其他基质上，密集丛生。藻体为二组织性构造，基质层细胞单层，围层由多层不规则细胞组成。相邻藻丝间一般通过细胞融合连接。

【繁殖】孢子囊形成于藻体表面下藻丝中的单孔生殖窝里，生殖窝稍突出于藻体表面。

【生态生境】分布在潮间带及潮下带礁石或死珊瑚上。

【地理分布】印度洋，太平洋。印度尼西亚，菲律宾，日本等海域。我国西沙群岛。

【GenBank】DQ629003

【保护等级】least concern（无危）

【生态与应用价值】作为一种重要的钙化海藻，可以为珊瑚礁生态系统提供初级生产力，维持珊瑚礁生态系统的高效物质循环；通过钙化作用参与构建并稳固珊瑚礁体，对增强破浪带抗浪等具有重要意义。

新角石藻
Neogoniolithon brassica-florida

珊瑚藻科 Corallinaceae
新角石藻属 *Neogoniolithon*

【形态特征】 藻体由背腹性的壳状体组成，是一组织性结构，无节，牢固地附着于珊瑚枝或死珊瑚等基质上，厚 200-1200μm，在藻边缘部分可以看到微弱的同心纹。藻体下部发育饱满，其厚度可占据整个皮壳体厚度的 9/10。藻丝明显共轴，在基层和围层组织中相邻藻丝间的细胞融合现象普遍，细胞呈矩形，长 26-40μm，径为 10-17μm，具有较厚的细胞壁。围层通常只有 42-75μm，由亚正方形或亚矩形细胞组成；表皮层细胞小，扁平状，高 5-9μm，径为 6.6-13.2μm；在围层细胞间常可见到单个分布的异形胞，径为 17-26μm，高 17-40μm。

【繁殖】 生殖细胞形成于单孔生殖窝中，皮壳体上生有少量大小不一的孢子囊窝，明显突出于体表，呈锥形；四分孢子囊呈长柱形，囊长 60-95μm，径为 38-45μm。果孢子囊生殖窝明显突出于壳体表面，内径为 540-560μm，高 360-400μm，窝孔长（110-）190-210μm，果孢子囊分布在整个生殖窝底部。未见雄性生殖窝。

【生态生境】 着生于礁缘浅水处死珊瑚枝块上，或生长在礁湖内的珊瑚枝或珊瑚石上。

【地理分布】 大西洋，印度洋。日本等海域。我国西沙群岛，南沙群岛。

【GenBank】 AB713916

【保护等级】 least concern（无危）

【生态与应用价值】 新角石藻是珊瑚礁生态系统中的重要组成部分，提供初级生产力和大量碳酸钙沉积物，覆盖住基质，占据生态位，维持生态系统生物多样性，参与珊瑚礁体的构建，坚固礁体，具有重要的生态学意义。

圆锥呼叶藻
Pneophyllum conicum

珊瑚藻科 Corallinaceae
呼叶藻属 *Pneophyllum*

【形态特征】藻体为粉红、紫红等色，呈薄皮壳状，牢固地附着在基质上，无节，部分藻体表面具有不规则的突起。壳状体呈二组织性构造，基层共轴，厚 65-130μm，细胞呈亚矩形，长 13-18μm，径为 5-10μm，围层厚 300-550μm，由多层排列不规则的亚正方形或亚矩形细胞组成；表皮层由一层细胞组成，细胞呈亚椭圆形或亚三角形；异形胞单个，呈亚正方形或略呈长方形，或 3-8 个水平排列，或 2-4 个纵列，异形胞之间有时被 1-2 列围层细胞隔开。

【繁殖】孢子囊生殖窝呈锥形，数量多，单孔，孢子囊四分，囊长（55-）60-75μm，径为 20-33μm。雄性生殖窝略突出于壳体表面，呈圆锥形，内径为 217.8-277.2μm，高 79.2-85.8μm。精子囊密布于窝底部，未见雌性生殖窝。

【生态生境】固着生长于礁湖内有浪拍打的珊瑚石上。

【地理分布】夏威夷群岛，南非海域，美国关岛。日本，斐济等海域。我国西沙群岛，南沙群岛。

【GenBank】DQ628987

【保护等级】least concern（无危）

【生态与应用价值】圆锥呼叶藻是珊瑚礁生态系统中的重要组成部分，在维持生态系统生物多样性和参与珊瑚礁体的构建中具有重要的生态学意义。另外，圆锥呼叶藻具有杀死活珊瑚的生态作用。

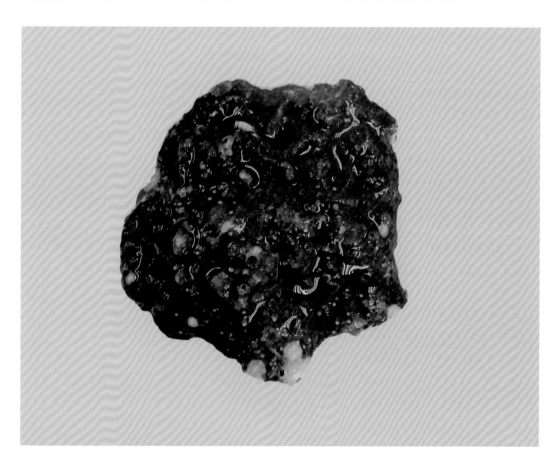

孔石藻
Porolithon onkodes

孔石藻科 Porolithaceae
孔石藻属 *Porolithon*

【**形态特征**】藻体为紫红色，由背腹性的壳状体组成，牢固地附着于基质上；藻体较平整，没有突起；表面由于大量丝胞紧密排列呈哑光及粗糙状。基层细胞呈长方形，呈不共轴羽状排列，径为 6-19μm，长 6-32μm；围层占藻体大部分，由长方形细胞组成，径为 5-16μm，长 5-15μm；亚表皮层由正方形细胞组成，胞径为 6-12μm；表皮层由 1-3 层椭圆形细胞组成，径为 6-12μm，长 3-6μm。藻体细胞融合现象普遍。

【**繁殖**】雌雄同株或异株；四分孢子囊生殖窝为单孔，稍突出于藻体表面，呈近卵圆形。

【**生态生境**】分布于潮间带至珊瑚礁浅水区，生长在珊瑚骨架和其他坚硬的岩层上。

【**地理分布**】我国海南海域。

【**GenBank**】AY234237

【**保护等级**】least concern（无危）

【**生态与应用价值**】孔石藻是珊瑚礁生态系统中的重要组成部分，提供初级生产力和碳酸钙沉积物，维持生态系统生物多样性并参与珊瑚礁体的构建，具有重要的生态学意义。

孢石藻
Sporolithon erythraeum

孢石藻科 Sporolithaceae
孢石藻属 *Sporolithon*

【形态特征】藻体为紫红色至褐色，钙化，皮壳状，紧密地粘附在基质上。不分节，由具背腹的壳部和大量的突起组成，成体皮壳部与突枝部常并存，表面光滑。藻体为一组织性构造，由髓部和皮层组成，相邻藻丝多以细胞融合的方式相互连接，有时可见次生孢，见孔状连接。

【繁殖】四分孢子囊在孢子囊群中产生，排列成层，通常为十字形分裂，有时为带形分裂。二分孢子囊少见。

【生态生境】一般生长在中、低潮带的岩石或贝壳上。

【地理分布】夏威夷群岛，所罗门群岛，亚丁湾，红海，马尔代夫群岛，马来半岛等海域。我国海南海域，南沙群岛。

【GenBank】MK533763

【保护等级】least concern（无危）

【生态与应用价值】孢石藻是珊瑚礁生态系统中的重要组成部分，提供初级生产力，维持生态系统的高效物质循环，钙化作用产生碳酸钙沉积可参与珊瑚礁体的构建，具有重要的生态学意义。

耳壳藻目 Peyssonneliales

木耳状耳壳藻
Peyssonnelia conchicola

耳壳藻科 Peyssonneliaceae
耳壳藻属 *Peyssonnelia*

【形态特征】藻体为红褐色，呈扁平叶状。藻体上表面光滑，通常具有明显的波状皱纹及同心圆凹凸纹；下表面轻微钙化，沉积有石灰质，向下长出假根附着于基质上，体高 2-3cm。

【繁殖】四分孢子囊生长在藻体背面略隆起的生殖窝内，未见精子囊、囊果。

【生态生境】生长于低潮线附近或潮下带礁石或死珊瑚体上。

【地理分布】大西洋西部，印度洋，太平洋，以及北美洲、中美洲、南美洲、非洲、亚洲海域。加勒比群岛。澳大利亚和新西兰等海域。我国西沙群岛，海南及台湾海域。

【GenBank】EU349079

【保护等级】least concern（无危）

【生态与应用价值】木耳状耳壳藻是珊瑚礁生态系统中的重要组成部分，提供初级生产力，维持生态系统生物多样性，产生的碳酸钙沉积物可参与珊瑚礁体的构建，具有重要的生态学意义。

串胞多壳藻
Polystrata fosliei

耳壳藻科 Peyssonneliaceae
Polystrata

【形态特征】藻体为紫红色或玫瑰红色，壳状，重叠的壳厚可达 1-2cm。钙化，表面有突起，无固着器，附着在基质上匍匐生长。中层细胞长 19-25μm，宽 12-15μm，上边的丝体由许多长柱形细胞组成，并行排列。

【繁殖】四分孢子囊生长在藻体背面略隆起的生殖窝内，呈椭圆形。四分孢子囊通常为十字形分裂。未见配子体。

【生态生境】分布在热带和亚热带 3-15m 深的海区，可成片地生长在受到风浪冲击的珊瑚礁礁缘上，有时能形成几米长的"藻脊"。

【地理分布】大西洋西部，太平洋，印度洋，以及北美洲、中美洲、南美洲、非洲、亚洲海域。东南亚海域，加勒比群岛。澳大利亚和新西兰等海域。我国西沙群岛，海南及台湾海域。

【GenBank】AB231326

【保护等级】least concern（无危）

【生态与应用价值】*Polystrata fosliei* 一方面能高效利用功能进行光合作用，固定二氧化碳，提高珊瑚礁生态系统的有效能量流动，提供初级生产力；另一方面能够通过钙化作用产生碳酸钙参与珊瑚礁体的构建，具有重要的生态学意义。

耳壳藻
Peyssonnelia squamaria

耳壳藻科 Peyssonneliaceae
耳壳藻属 *Peyssonnelia*

【形态特征】藻体为深红色至褐色，壳状，呈楔形或圆形。钙化，表面平滑，通常许多单细胞假根附着在基质上生长。

【繁殖】四分孢子囊生长在藻体背面略隆起的生殖窝内，通常为十字形分裂。

【生态生境】生长在潮间带下部到潮下带上部区域的礁石或死珊瑚体上。

【地理分布】大西洋群岛，以及北极、北美洲、南美洲、欧洲、非洲、亚洲海域。东南亚等海域。我国西沙群岛，海南及台湾海域。

【GenBank】AB231320

【保护等级】least concern（无危）

【生态与应用价值】耳壳藻作为珊瑚礁生态系统中重要组成部分，既能提供初级生产力，又能通过钙化作用参与珊瑚礁体的构建，具有重要生态意义。

具斑海膜
Halymenia maculata

海膜科 Halymeniaceae
海膜属 *Halymenia*

【形态特征】藻体为具裂片的膜状体，光滑，表面有黏液和不规则的斑点，呈黄红色至紫红色。裂片呈楔形或宽圆形，边缘密集不规则的流苏状小枝。

【繁殖】四分孢子囊散生在外皮层中，十字形分裂产生四分孢子。囊果小，散生在藻体表面，突出但不明显。未见精子囊。

【生态生境】生长在潮间带下部珊瑚礁上。

【地理分布】太平洋，非洲及亚洲海域。东南亚海域。澳大利亚和新西兰等海域。我国海南海域。

【GenBank】暂无

【保护等级】least concern（无危）

【生态与应用价值】具斑海膜作为珊瑚礁生态系统中重要组成部分，能通过光合作用为其提供初级生产力，为鱼类等提供食物，具有重要的生态学意义。藻体可食用，具有一定的经济价值。

石花菜目 Gelidiales

凝花菜
Gelidiella acerosa

凝花菜科 Gelidiellaceae
凝花菜属 *Gelidiella*

【形态特征】藻体为紫褐色，体硬，软骨质。藻体直立，单生或丛生，高 5-7cm，宽约 1mm，由圆柱状分枝组成。藻体基部匍匐，由不规则盘状附着器固着在砂砾或碎珊瑚上，向上生长出直立且呈细圆柱状的次生枝，长 3-6cm，多弧形弯曲，分枝不规则，偏生或互生。小枝细，在次生枝上垂直生出，单条不分枝或者上部叉分 1 或 2 次，偶有互生或对生，枝端渐细，长为 3-5cm。藻体横截面为不规则圆形细胞组成，中央细胞较大，直径为 22-26μm，向外逐渐变小，直径为 6-16μm，表皮细胞呈长卵形，长径为 6-8μm，短径为 3-5μm。

【繁殖】四分孢子囊生长于最末小枝顶端膨大处，呈长卵形，紫红色，十字形分裂，长径为 48-70μm，短径为 26-32μm，埋于皮层细胞中，囊周皮层细胞略变态。未见囊果、精子囊。

【生态生境】生长在近礁缘处的珊瑚石。

【地理分布】大西洋，印度洋，太平洋，南美洲及亚洲等海域。我国南海，台湾等海域。

【GenBank】KX555607

【保护等级】least concern（无危）

【生态与应用价值】凝花菜是珊瑚礁生态系统中的重要组成部分，提供初级生产力，维持生态系统生物多样性，具有重要的生态学意义。凝花菜的水粗提物用于生物纳米银粒子的合成。凝花菜藻体用于琼脂生产。

绿藻门 Chlorophyta

石莼纲 Ulvophyceae

管藻目 Siphonales

长茎葡萄蕨藻
Caulerpa lentillifera

蕨藻科 Caulerpaceae
蕨藻属 *Caulerpa*

【形态特征】藻体为浅绿色至深绿色，肉质，直立，有直立茎和匍匐茎的分化。直立茎长出许多密生小枝，小枝顶端膨大，形似葡萄；匍匐茎呈圆柱状，主要用于延伸性生长和运输养分，向下产生假根。

【繁殖】长茎葡萄蕨藻的繁殖方式主要有有性生殖和无性生殖。蕨藻的无性生殖十分强大，藻体断裂的匍匐茎和直立茎、脱落的球粒，均能重新长成完整的新植株，且无性繁殖对环境的要求较低，容易操作，因此对长茎葡萄蕨藻的人工养殖都是采用无性生殖。蕨藻为雌雄同株的二倍体，成熟后会进行有性生殖。有性生殖时藻体表面会产生绿色网状结构的配子囊。雌雄配子由直立茎、匍匐茎、球粒上的释放管释放出来，二者结合形成接合子，一个月后开始发芽产生匍匐茎和直立茎，逐渐形成完整植株。但蕨藻的有性生殖需要一定的温度、时间、光照的共同作用才会启动，有性生殖并不轻易发生。

【生态生境】生长在潮间带低潮区至潮下带水流较缓的被沙子覆盖的岩石和死珊瑚上。

【地理分布】太平洋热带及亚热带的潮间带海区。我国广东及海南海域，西沙群岛，南沙群岛。

【GenBank】KF256121

【保护等级】least concern（无危）

【生态与应用价值】长茎葡萄蕨藻不仅能为海洋生态系统提供初级生产力，还可以作为鱼类等生物的饵料并维持生态系统生物多样性，具有重要的生态学意义。长茎葡萄蕨藻具有食用价值，又称海葡萄，浑圆饱满、晶莹剔透，有如串串小葡萄，富含人体所需的多种氨基酸与维生素。其口感与鱼子酱类似，所以亦有人称之为绿色鱼子酱，具有抗细菌、抗真菌活性和降血压功效。长茎葡萄蕨藻含有重要活性物质蕨藻倍半萜（caulerpenyne，CYN），CYN与藻体本身的机械损伤修复有关，也可用于治疗痛风，CYN对黄嘌呤氧化酶（XOD）活性有抑制效应。另外，长茎葡萄蕨藻的提取物还有抗病毒、抗肿瘤活性。从中分离的多糖对巨噬细胞有免疫刺激活性，其中的木聚糖水解成平均5个单糖分子的寡糖，可诱导人体乳腺癌细胞 MCF-7 核染色质凝聚，以及二磷酸腺苷核糖多聚酶的沉降，均有诱导癌细胞凋亡的作用。

总状蕨藻
Caulerpa racemosa

蕨藻科 Caulerpaceae
蕨藻属 *Caulerpa*

【形态特征】藻体为浅绿色至深绿色，分枝甚多，具有蔓延的平滑圆柱状匍匐茎。匍匐茎下面生出假根紧紧附着在基质上，延伸很广，可达数米。上面生长直立且呈葡萄状的分枝。质地软，拔取时易因挤压而破碎。

【繁殖】成熟期约在晚春至夏季。以藻体断裂分离进行营养性繁殖。有性生殖为异配生殖，有性生殖时多由末枝凸起形成配子囊，配子呈梨形，有两根顶生鞭毛，含一个无核色素体。大配子呈棕绿色，动作较迟钝，小配子个体狭窄，呈亮绿色，动作较快，大小配子产生于不同藻体上。

【生态生境】总状蕨藻属于热带、亚热带海藻，生长在大潮线下的岩石或珊瑚上和中、低潮带的浅沼中，有时假根枝附着在岩石上，很像一个大网覆盖在整个石块上。

【地理分布】广泛分布于世界热带和亚热带海域。我国广东南澳岛，海丰海域，海南岛，东沙群岛，西沙群岛和台湾兰屿附近海域。

【GenBank】KT267046

【保护等级】least concern（无危）

【生态与应用价值】《新华本草纲要》记载总状蕨藻具有"行气止痛、镇惊安神"的功效。中国台湾省兰屿居民常采取总状蕨藻食用。其含有丰富的多糖、脂质、生物碱及甾类等生物活性成分，其内含有硫酸多糖成分（HWE），硫酸基含量约为9%，主要由半乳糖、葡萄糖、阿拉伯糖、木糖组成，胞外实验证实其具有一定的抗肿瘤及抗孢疹病毒活性。吲哚类生物碱caulerpin是蕨藻属海藻中最为常见的化学成分，具有促进植物生长、抑制缺氧诱导因子-1（HIF-1）、消炎及抗肿瘤等多方面的生物活性。

齿形蕨藻
Caulerpa serrulata

蕨藻科 Caulerpaceae
蕨藻属 *Caulerpa*

【形态特征】藻体为深绿色，具有假根部、匍匐茎及直立部的分化，匍匐蔓生。直立部为扁平、3 或 4 回螺旋叉状分歧的叶状枝，边缘具锯齿状突起，长 2-3cm，宽 0.5-1.5cm，其基部具有一圆柱状短柄。匍匐茎呈圆柱状，平滑，向下长出须状假根。藻体内部由分枝管状和多核丝状体交织组成，内部无细胞壁分隔，只有生殖时才产生隔壁将生殖细胞隔开。细胞腔内有支持作用的横条及纵条加厚细胞壁纹，叶绿体呈盘状或凸透镜形，具有蕨藻素，细胞壁具有丰富的果胶质及果胶酸。

【繁殖】藻体以原生质体的局部碎裂进行无性繁殖，有性繁殖为异配生殖。形成繁殖器官时，在藻体表面生成乳头状突起，成熟时放散具有 2 条鞭毛的游动细胞。

【生态生境】生长于低潮带珊瑚礁上。

【地理分布】我国海南岛，西沙群岛，南沙群岛，台湾海域。

【GenBank】JQ745283

【保护等级】least concern（无危）

【生态与应用价值】齿形蕨藻是海洋生态系统中一种非钙化海藻，能够提供初级生产力，稳固砂质基底，具有一定重要的生态学意义。藻体中可提取具有抗肿瘤活性的双吲哚类生物碱和类似物。藻体可用于去除生活用水中的重金属，水溶性粗提取液可用于合成生物纳米银粒子。

石莼目 Ulvales

石莼
Ulva lactuca

石莼科 Ulvaceae
石莼属 *Ulva*

【形态特征】石莼亦称海白菜、海青菜、纶布、海莴苣、绿菜、青苔菜，属常见海藻。呈片状、膜质，近似卵形的叶片体边缘常略呈波状，有时纵列并散布着不规则的圆孔，叶片由2层细胞构成，表面观细胞呈不规则排列，直径10-20μm。藻体高10-40cm，鲜绿色至黄绿色，基部以固着器固着于岩石上。

【繁殖】同形世代交替，无性世代的孢子体和有性世代的配子体形态相同，不易区分。有性生殖产生两根鞭毛的同形或异形配子，孢子体产生具有4根鞭毛的游孢子。

【生态生境】生活于海岸潮间带，生长在海湾内中、低潮带的岩石上，通常附着在岩石上。全年都生长，夏季最繁盛。

【地理分布】我国渤海，黄海，东海，南海。

【GenBank】EU484413.1

【保护等级】least concern（无危）

【生态与应用价值】我国沿海地区均有出产，可供食用、药用、饲料、肥料。绿色的藻类晾干后就变成白色或黑色。石莼干品每百克含水分11.5g、蛋白质3.6g、粗纤维6.69g，还含有维生素、有机酸、矿物质、麦角固醇等成分，对于食草的鱼类和无脊椎动物而言，是极有营养的食物。石莼应亦应用于生物能源的生产和水体中重金属的去除。

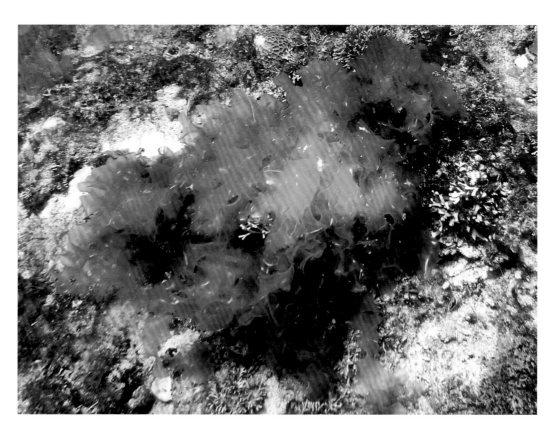

羽藻纲 Bryopsidophyceae

羽藻目 Bryopsidales

大叶仙掌藻
Halimeda macroloba

仙掌藻科 Halimedaceae
仙掌藻属 *Halimeda*

【形态特征】藻体为绿色，直立且分枝。叶片扁平如圆盘状，质地稍硬。中等钙化或较重，节片间的关节未钙化，构成活动关节，将节片连接成链状枝，以适应海浪冲击，植株一旦死亡节片即相互分离。藻体可达 12cm（不含固着器），固着器可长达 9cm，分枝浓密，体干后呈灰白色或淡绿色，表面暗淡。节片呈圆盘状横卵形、楔形或圆柱形，节片长可达 2cm、宽可达 3cm，边缘完整或有浅裂。

【繁殖】无性及有性生殖。营养繁殖能力极强，含有原生质体的叶状体散落在砂石上可以迅速生出假根并长成一个完整的植株。有性繁殖为异配生殖，雌雄异株，在叶状体顶端产生雌雄配子囊，各自产生雌雄配子，结合成合子后长成新植株。

【生态生境】是与珊瑚礁共存的主要初级生产者，在许多礁区都有大叶仙掌藻大量生长，常生长在潮下带，一直是钙质沉积物的重要生产者。晚更新世和全新世时，在许多礁区还形成了近 20m 或更厚的仙掌藻生物礁（bioherm）。

【地理分布】我国西沙群岛，南沙群岛，台湾海域。

【GenBank】HM140244.1

【保护等级】least concern（无危）

【生态与应用价值】大叶仙掌藻是珊瑚礁生态系统中主要初级生产者，珊瑚礁区钙质沉积物的重要贡献者，具有重要的生态学意义。晚更新世和全新世时，在许多礁区还形成了近 20m 或更厚的仙掌藻生物礁（bioherm）。

厚节仙掌藻
Halimeda incrassate

仙掌藻科 Halimedaceae
仙掌藻属 *Halimeda*

【形态特征】藻体色泽呈亮绿色至乳白色，直立，高 13-16cm，偶可达 20cm，表面光滑，有轻度钙化，质地软。藻体基部由许多纤维状细胞集合，形成一球根状团，具极小固着器，以附着于坚硬的基质上。枝条呈不规则或三叉状的叉状分歧，有节间及节之分；节部无石灰质，长 0.1-0.2cm；节间部无柄，扁平，长约 2cm，宽可达 3cm，形状变化很大，可以是楔形、倒卵形、肾形或洋梨状，无中肋，覆有一层薄薄的石灰质，容易断裂。藻体细胞具皮质层，由 2-3 层皮质囊胞组成，直径为 30-90μm；次表面囊胞呈膨大状，直径为 50-150μm。

【繁殖】无性繁殖及有性生殖。有性生殖为雌雄异株、整体生果（holocarpic），在有性生殖时藻体变白，原生质体进入配子囊，配子囊为浅绿色，呈球形至卵圆形，直径为 120-300μm，基部具有一柄，着生于可孕枝节的边缘上，呈辐射状互生或不规则地排列。配子由配子囊产生，配子释放后藻体死亡白化。雌性配子比雄性配子大，具有鞭毛，雌雄配子结合成合子后长成新的藻体。

【生态生境】多生长于低潮线附近的砂质或珊瑚碎片下。

【地理分布】马达加斯加，印度，印度尼西亚，新加坡，泰国，日本海域。我国台湾海域。

【GenBank】AM049959

【保护等级】least concern（无危）

【生态与应用价值】1m² 仙掌藻每年可产生 2kg 碳酸钙，是海洋中的碳酸盐沉积物的主要贡献者，是珊瑚礁区的主要造礁物种，其表面可为珊瑚虫幼虫提供附着位点并诱导其变态发育，且通过光合作用提供了大量的初级生产力，是珊瑚礁生态系统的重要组成部分。

圆柱状仙掌藻
Halimeda cylindracea

仙掌藻科 Halimedaceae
仙掌藻属 *Halimeda*

【形态特征】藻体直立细长，墨绿色，新生节片颜色为浅绿，中高度钙化，高可达 17cm（包括假根），假根较大，约为 9.5cm，纤维质，被泥沙包裹。体基部呈圆柱状或扁圆柱状，形状较其他节片大，有时呈桶状且节片融合生长成柄，一般在藻体中部开始分枝，每个基部的柄具有 4 或 5 个分枝。基部直径为 3.5-8mm，从基部到末端逐渐减小。上部节片直径为 1.0-1.6mm，自下而上逐渐变圆变细。

【繁殖】无性繁殖及有性生殖。有性生殖为雌雄异株、整体生果（holocarpic），在有性生殖时藻体变白，原生质体进入配子囊，配子囊为浅绿色，呈球形至卵圆形，直径为 120-300μm，基部具有一柄，着生于可孕枝节的边缘上，呈辐射状互生或不规则地排列。配子由配子囊产生，配子释放后藻体死亡白化。雌性配子比雄性配子大，具有鞭毛，雌雄配子结合成合子后长成新的藻体。

【生态生境】主要生长在潮下带珊瑚礁上。
【地理分布】我国南沙群岛。
【GenBank】KM820164
【保护等级】least concern（无危）
【生态与应用价值】圆柱状仙掌藻是一种重要的大型钙化海藻，能够高效利用光能，为珊瑚礁生态系统提供高的初级生产力，也是珊瑚礁区钙质沉积物的重要贡献者，具有重要的生态学意义。

仙掌藻
Halimeda opuntia

仙掌藻科 Halimedaceae
仙掌藻属 *Halimeda*

【形态特征】藻体一般通过假根匍匐生长在松散的砂质上，假根小，叶片扁平，鲜绿色，呈肾型或者倒卵型，叶片之间紧密连接，叶片长度为 3-7mm，宽 4-8mm，中高度钙化，钙化产物为针状文石结晶。节片皮层有 1-3 层囊胞，皮质囊胞直径为 12-19μm，外层囊胞表面观呈多边形或者圆形，去钙后，极易游离，节片丝体含有色素，互相不溶合。

【繁殖】无性繁殖及有性生殖。有性生殖为雌雄异株、整体生果（holocarpic），在有性生殖时藻体变白，原生质体进入配子囊，配子囊着生于可孕枝节的边缘上，呈辐射状互生或不规则地排列。配子由配子囊产生，配子释放后藻体死亡白化。雌性配子比雄性配子大，具有鞭毛，雌雄配子结合成合子后长成新的藻体。

【生态生境】仙掌藻主要生长在潮下带珊瑚礁上。

【地理分布】我国南沙群岛。

【GenBank】AY649380

【保护等级】least concern（无危）

【生态与应用价值】一种重要的大型钙化海藻，能够高效利用光能，是珊瑚礁生态系统中初级生产力、钙质沉积物的重要贡献者。此外，研究表明仙掌藻能够诱导珊瑚幼虫的附着与变态，具有重要的生态学意义。

密岛仙掌藻
Halimeda micronesica

仙掌藻科 Halimedaceae
仙掌藻属 *Halimeda*

【形态特征】藻体中度钙化，浅绿色，高可达11cm，假根小，纤维质，体基部为一至多个节片，长为8-12mm，宽为10-18mm，叶片近肾形，上部节片边缘完整或三裂，由基部向上在同一平面上放射状连续生出三叉分的节片，顶端新生叶片的节间部轻度钙化，节片皮层有3或4层囊胞，次层囊胞顶端有2-4个外层囊胞，外层囊胞呈圆形，直径为23-43μm。皮层厚约1mm，囊胞整齐排列，其直径约30μm，其间的钙质壁厚2-5μm，均由文石组成。文石呈长圆柱状，两端浑圆，长约5μm，直径约1μm，排列整齐或少交叉状。晶体间间隙明显可见。

【繁殖】无性及有性生殖。营养繁殖能力极强，含有原生质体的叶状体散落在砂石上可以迅速生出假根并长成一个完整的植株。有性繁殖为异配生殖，雌雄异株，在叶状体顶端产生雌雄配子囊，各自产生雌雄配子，结合成合子后长成新植株。

【生态生境】主要生长在潮下带珊瑚礁上。

【地理分布】我国南海。

【GenBank】EF667061

【保护等级】least concern（无危）

【生态与应用价值】密岛仙掌藻是一种重要的大型钙化海藻，具有重要的生态学意义。密岛仙掌藻能够高效利用光能，为珊瑚礁生态系统中提供较高的初级生产力；能够进行钙化作用为珊瑚礁提供钙质来源，是钙质沉积物的重要贡献者。

四　珊瑚礁海草

珊瑚礁海草属于大型沉水被子植物，能够完全适应水中生活，是唯一能在海水中完成开花、传粉、结实和萌发生长发育过程的被子植物。珊瑚礁海草广泛分布于全球热带和亚热带近岸地区，覆盖了绵长几千公里的海岸线。由于珊瑚礁海草的生长需要较高的光照强度，因此其生长区域被严格限定在浅海海域，栖息的深度一般不超过 20m。大多数海草属于水鳖科，且生长在潮下带，只有喜盐草属和大叶藻属的部分种可以生活在潮间带。几乎所有的海草都拥有地下茎，可以进行无性生殖，只有海菖蒲属和大叶藻属的海草可以在海水中传粉，同时进行无性繁殖和有性繁殖。珊瑚礁海草为了适应浸没水中的生长环境，进化出了一些独特的形态和生理特征，①具有适应于盐介质的能力；②具有一个很发达的支持系统，来抗拒波浪与潮汐；③当完全被海水覆盖时，有完成正常生理活动以及实现花粉释放和种子散布的能力；④在环境条件较为稳定的情况下，具备与其他海洋生物竞争的能力。为了给自身的根和茎供给足够的氧气，珊瑚礁海草多生长在松软的沉积物上，对海底沉积物的稳定具有重要的作用。

珊瑚礁海草与周围环境形成了一个独特的海草场生态系统，为生物圈提供了十分重要的生态服务功能，是全球最高产的水生生态系统之一，生产力水平高，生物量大，生物多样性水平高，是仔稚幼鱼等大量海洋生物的栖息地和索饵场，对于维护岛礁生态系统健康稳定具有重要生态意义。同时，海草床发达的根系能够直接稳固岛礁底质形态，减轻海浪海流的侵蚀作用，维护岛礁稳定安全。

被子植物门 Phylum

单子叶植物纲 Liliopsiea

泽泻目 Alismatales

海菖蒲
Enhalus acoroides

水鳖科 Hydrocharitaceae
海菖蒲属 *Enhalus*

【形态特征】海菖蒲为多年生海水草本。须根粗壮,长 10-20cm,直径为 3-5mm。根茎匍匐,直径约为 1.5cm,节密集,外包有许多粗纤维状的叶鞘残体。叶呈扁平带状,长 30-150cm,宽 1-2cm,常扭曲,全缘,先端钝圆,基部具膜质叶鞘;叶脉13-19 条,近边缘的脉较粗,有 30-40 条气道与叶脉平行排列,此外可见细纹,常有增厚。雌雄异株。雄花多数,微小,包藏在 1 个近无梗、由 2 个苞片组成的压扁的佛焰苞内,苞的中肋有粗毛,开花前紧闭合,成熟后雄花逸出而浮于水面开放;萼片为白色,呈长圆形,长约 2mm,先端圆,边缘反卷;花瓣为白色,略宽于萼片;雄蕊 3 枚,白色,长 1.5-2mm;花粉粒呈圆形。雌花佛焰苞梗长可达 50cm,结果时螺旋卷曲,苞片长 4-6cm,宽

1-2cm,中肋隆起,具明显粗毛,内有雌花 1 朵;花萼为淡红色,花瓣呈长条形,强烈折叠,受粉后伸展开,长 4-5cm,宽 3-4mm,长为花萼的 2 倍,表面有蜡质,有乳头状凸起;花柱 6 枚,子房呈卵形压扁,有长毛。果实呈卵形,长 5-7cm,果皮上有密集二叉状附属物,不规则开裂。种子少数,具棱角,直径达 1-1.5cm。花期为 5 月。

【繁殖】可以在海水中传粉,同时进行无性繁殖和有性繁殖。

【生态生境】生于中潮线的沙滩上。

【地理分布】印度洋—西太平洋。我国南海。

【GenBank】AY952403

【保护等级】least concern(无危)

【生态与应用价值】通过吸收周围海水中的 N、P 等营养元素净化水质,从而避免赤潮的发生。为鱼、虾、贝类等生物提供庇护场所、栖息场所,提供食物。此外海菖蒲也是许多经济鱼类孵育仔稚鱼的好场所。海菖蒲的存在可以抵挡住部分风力,减弱风力,保护海堤。

泰来藻
Thalassia hemprichii

水鳖科 Hydrocharitaceae
泰来藻属 *Thalassia*

【形态特征】泰来藻为多年生海水草本。根具有纵裂气道，根状茎长，横走，有明显的节与节间，并有数条不定根，在节上长出直立茎，其节密集呈环纹状。叶为带形略呈镰状弯曲，长6-12cm，有的可达40cm，宽4-8mm，有的可达11mm，基部具膜质鞘，鞘常残留在茎上。雌雄异株。雄花序自叶鞘内抽出，具2-3cm长的梗；佛焰苞呈线形，稍宽，由2个苞片组成，内生1朵雄花；花被片3，裂片呈卵形，花瓣状；雄蕊3-12枚，常为6枚，花丝极短；无退化雌蕊。雌佛焰苞内雌花1朵，无梗；花被片3；花柱6，柱头2裂，长10-15mm；子房呈圆锥形，侧膜胎座。果实呈球形，淡绿色，长2-2.5cm，宽1.8-3.2cm，由顶端开裂成8-20个果爿，果爿向外卷，厚1-2mm。种子多数。

【繁殖】可同时进行无性繁殖和有性繁殖。

【生态生境】生于高潮带及中潮带的沙质海滩上。

【地理分布】我国海南，台湾等海域。

【GenBank】KX363633

【保护等级】least concern（无危）

【生态与应用价值】通过吸收周围海水中的N、P等营养元素净化水质，从而避免赤潮的发生。为鱼、虾、贝类等生物提供庇护场所、栖息场所，提供食物，此外泰来藻也是许多经济鱼类孵育仔稚鱼的好场所。泰来藻的存在可以抵挡住部分风力，减弱风力，保护海堤。

Thalassia hemprichii (TH)

喜盐草
Halophila ovalis

水鳖科 Hydrocharitaceae
喜盐草属 *Halophila*

【形态特征】卵叶喜盐草亦名海蛭藻、卵叶盐藻。为多年生海草。茎匍匐，细长，易折断，节间长 1-5cm，直径约为 1mm，每节生细根 1 条，鳞片 2 枚；鳞片膜质，透明，近圆形、椭圆形或倒卵形，先端微缺，基部呈耳垂状，外面鳞片长 5-5.5mm，宽 3-3.5mm，内面鳞片中肋隆起呈龙骨状，边缘呈波状，长 4-4.5mm，宽约 3mm。叶 2 枚，自鳞片腋部生出；叶片薄膜质，淡绿色，有褐色斑纹，透明，呈长椭圆形或卵形，长 1-4cm，宽 0.5-2cm，先端圆或略尖，基部呈钝形、截形、圆形或楔形，全缘呈波状；叶脉 3 条，中脉明显，缘脉距叶缘约 0.5mm，与中脉在叶端连接，次级横脉 12-16 对，连接中脉与缘脉，与中脉交角为 45°-60°；叶柄长 1-4.5cm。花单性，雌雄异株；雄佛焰苞广披针形，长约 4mm，顶端锐尖；雄花被片呈椭圆形，伸展，长约 4mm，宽约 2mm，白色，具黑色条纹，透明，花药呈长圆形；雌佛焰苞苞片 2 个，广披针形，外苞片紧裹内苞片，均呈螺旋状扭卷，形似长颈瓶，颈部长，约为膨大部分的 2 倍；子房略呈三角形，长 1-1.5mm；花柱细长，柱头 3 个，细丝状，长 2-3cm。果实近球形，直径为 3-4mm，具 4-5mm 长的喙；果皮膜质。种子多数，近球形，径小于 1mm；种皮具疣状凸起与网状纹饰。花期 11-12 月。

【繁殖】可同时进行无性繁殖和有性繁殖。

【地理分布】西太平洋，亚洲大陆东南沿海，红海至印度洋。马来西亚，菲律宾海域。我国广东雷州半岛，海南及台湾海域。

【GenBank】LC027444

【保护等级】least concern（无危）

【生态与应用价值】通过吸收周围海水中的 N、P 等营养元素净化水质，从而避免赤潮的发生。喜盐草为鱼、虾、贝类等生物提供庇护场、栖息场和食物，是许多鱼类的产卵场和仔稚鱼索饵场。此外，喜盐草的存在有助于抵御风浪侵蚀，保护海堤，维持海底地貌。

五 珊瑚礁礁栖生物

（一）软体动物门

软体动物门是动物界中仅次于节肢动物的第二大门，目前已鉴定种约 8.5 万，占所有已命名海洋生物的 23%。软体动物广泛分布于从寒带到热带的陆地、淡水和海洋中，海洋为其主要分布区。软体动物门现存种类主要包括无板纲、多板纲、单板纲、腹足纲、掘足纲、双壳纲和头足纲。其中，腹足纲（如螺类）占目前所有软体动物的 80%，而头足纲（如乌贼）是目前无脊椎动物中神经最为发达的类群。软体动物的三大主要特征在于：①具外套膜腔，用于呼吸和贝壳分泌等；②除双壳纲外，所有种类均具齿舌；③具典型神经系统。软体动物的许多种类，不仅是美味的食材、珍贵药品，还具有装饰观赏、工业原材、历史气候推测等价值。

南海岛礁采集的主要软体动物为腹足纲，包括原始腹足目、新腹足目、中腹足目共 29 种螺类，其中，马蹄螺、蜑螺、芋螺、宝贝和骨螺在采集样品中种类、数目占明显优势。此外，采集的少数双壳纲样品中，砗磲为主要种类。调研数据显示，不同岛礁以及岛礁不同区域分布的软体动物种类及丰度存在显著差异，遗传学数据分析同时表明，不同岛礁分布的相同物种存在显著的遗传差异，如表达基因种类及通路显著不同，生态学与遗传学数据共同体现了南海岛礁软体动物资源丰富、多样性水平较高。

软体动物在南海岛礁生态系统及修复过程中发挥着关键作用。砗磲是最重要的一类造礁生物类群，其与虫黄藻组成的共生体不仅是珊瑚礁生态系统最重要的一类初级生产者，同时能够进行快速钙化，形成大量砗磲贝壳，在岛礁发育过程中提供重要原材料。一些肉食性螺类，如芋螺，可觅食珊瑚礁中小型鱼类和其他软体动物，是珊瑚礁生态系统中重要的一类消费者，可调节平衡珊瑚礁生态环境中各底栖生物间的关系，维持珊瑚礁生态环境的平衡；另有多种螺类，如马蹄螺和蝾螺等，多活动于珊瑚礁丰茂的地区，觅食珊瑚礁石上的多种藻类和沉积物，作为珊瑚礁生态系统中重要的消费者和分解者，可以清除珊瑚礁上的藻类，促进珊瑚的生长。丰富的软体动物为开展人工岛礁修复提供了诸多工具和方案。例如，砗磲、马蹄螺等造、护礁生物可以作为人工修复岛礁的工程物种；砗磲对水体环境敏感度高，可作为珊瑚礁生态环境指示物种。

（一）软体动物门 Mollusca

腹足纲 Gastropoda

原始腹足目 Archaeogastropoda

塔形扭柱螺
Tectus pyramis

马蹄螺科 Trochidae
扭柱螺属 *Tectus*

【形态特征】贝壳正圆锥形，壳高 39mm，壳宽 40mm，壳质坚厚，壳周稍膨胀。壳面为紫褐色或绿色。螺层 9 或 10 层，呈覆瓦状，与明显的缝合线相接，该处环生一些头端呈近圆形的中空棘状突起。螺肋由念珠状颗粒组成，颗粒多为 2 行，有的为 3 或 4 行，大个体体螺层的螺肋较不明显，向右倾斜的螺纹较明显。底面平，白色，较光滑，有一些同心的细螺纹与右旋细纹交叉；螺轴扭曲成耳状突起；外唇薄，内壁较平滑，有浅沟纹，内侧具 3 或 4 个甚小的裙皱。无脐孔，犀圆形，黄色，为多旋型，核居中央。

【繁殖】塔形马蹄螺为雌雄异体，其雄性生殖系统主要由精巢和输精管组成，没有交接器，也没有其他的附属腺体。精巢由许多精小管组成；生精小管内有处于不同发育时期的精原细胞，初级精母细胞，次级精母细胞，精子细胞和精子；输精管壁的上皮细胞游离面具有纤毛；精巢的发育具有季节性。

【生态生境】暖水性强，较常见。生活于潮间带至浅海和珊瑚礁海底。

【地理分布】马达加斯加岛，菲律宾群岛，班达海，所罗门群岛，新喀里多尼亚，斐济群岛，萨摩亚群岛，莫桑比克海峡海域。我国海域。

【GenBank】MF138911

【保护等级】least concern（无危）

【生态与应用价值】塔形扭柱螺为一类泛珊瑚礁区域的软体动物，多活动于珊瑚礁丰茂的地区，觅食珊瑚礁石上的多种藻类和沉积物，是珊瑚礁生态系统中重要的一类消费者和分解者。塔形扭柱螺不仅可以清除珊瑚礁上的藻类以促进珊瑚的生长，还具有较强的环境适应性，可作为人工修复岛礁的优先恢复工程物种。

金口蝾螺
Turbo chrysostomus

蝾螺科 Turbinidae
蝾螺属 *Turbo*

【**形态特征**】贝壳呈拳头形，壳质坚厚，周缘膨突。整个壳体为淡黄色，有少许深褐色块斑。螺层6层，壳顶尖突，壳面环生密集而粗糙的螺肋，肋上和肋间具小鳞片，螺旋部最大螺层和体螺层中部与偏下方的肋上长出一些中空的短棘突，共约4行，棘突朝上，体螺层中部的较大。底面隆突，肋条变粗，靠近内缘的更粗，结构与壳面同。螺轴平滑，轴唇向下略伸，质地变厚；外唇有缺刻，口缘外方为浅黄色，内方为金黄色，内壁光滑有亮泽。无脐孔。厣外为橘黄色，近边缘处色浓，中央部略暗，外方具细旋纹。

【**繁殖**】雌性异体，有性生殖。

【**生态生境**】暖水性强，生活于低潮线附近的岩礁间，为常见的种类。

【**地理分布**】菲律宾群岛，大堡礁，新喀里多尼亚，斐济群岛，萨摩亚群岛，所罗门群岛，班达群岛，帝汶岛，尼科巴群岛，南非东部海域。我国海南岛南端，西沙群岛，南沙群岛，台湾恒春半岛及小琉球和澎湖海域。

【**GenBank**】AM403899

【**保护等级**】least concern（无危）

【**生态与应用价值**】金口蝾螺为一类泛珊瑚礁区域的软体动物，多活动于珊瑚礁丰茂的地区，觅食珊瑚礁石上的多种藻类和沉积物，是珊瑚礁生态系统中重要的一类消费者和分解者。金口蝾螺不仅可以清除珊瑚礁上的藻类以促进珊瑚的生长，还具有较强的环境适应性，可作为人工修复岛礁的优先恢复工程物种。

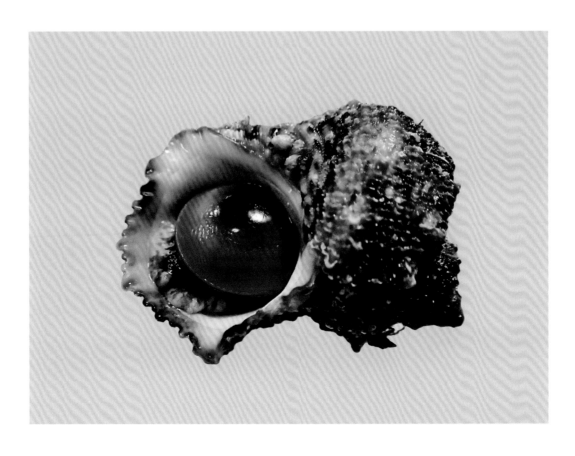

坚星螺
Astralium petrosum

蝾螺科 Turbinidae
星螺属 *Astralium*

【形态特征】壳体小型，呈圆锥形，壳高14mm，壳宽17mm，壳质较薄但坚实，周缘延伸。壳体为白色或上部为灰白色、下部为浅黄色。螺层5层，壳面生有纵向开口的棘突；螺旋部的棘突为单列，体螺层为双列，上方较大且粗，下方较小且薄；壳面尚散布一些粗短纵肋和小"鳞片"。底面平坦，生有许多鳞片型细环肋。螺轴略弯、平滑，轴唇右下端具一小突起；外唇薄，有缺刻，内壁光滑有亮泽。脐部略呈弯月形，内凹，内缘滑层光泽强，无脐孔。厣的内层白色透清，为亚旋形，核偏于边缘。

【繁殖】雌性异体，有性生殖。

【生态生境】暖水性强，生活于热带珊瑚礁海域，从潮间带到几十米浅海均有发现。

【地理分布】日本奄美大岛，新喀里多尼亚，斐济群岛，马克萨斯群岛，马绍尔群岛，夏威夷群岛。我国西沙群岛，中沙群岛，南沙群岛。

【GenBank】暂无

【保护等级】least concern（无危）

【生态与应用价值】坚星螺为一类泛珊瑚礁区域的软体动物，多活动于珊瑚礁丰茂的地区，觅食珊瑚礁石上的多种藻类和沉积物，是珊瑚礁生态系统中重要的一类消费者和分解者。坚星螺不仅可以清除珊瑚礁上的藻类以促进珊瑚的生长，还具有较强的环境适应性，可作为人工修复岛礁的优先恢复工程物种。

新腹足目 Neogastropoda

堂皇芋螺
Conus imperialis

芋螺科 Conidae
芋螺属 *Conus*

【形态特征】贝壳呈倒圆锥形，螺旋部低矮，体螺层高大，肩部有非常明显的结节突起，壳顶不突出。壳面多呈白色，并具有铁锈色斑纹。壳口狭长，内为白色。

【繁殖】雌性异体，有性生殖。春、夏季节为繁殖期，卵囊袋状，常附着在岩石上，每个雌体一次的产卵囊数约为 10-100 个。

【生态生境】属热带地区的贝类，喜欢生活在温暖的水域中，栖息于潮间带至水深75m 的岩礁与珊瑚间的砂中。平常昼伏夜出，行动缓慢，多以肉食为主，摄食其他软体动物、蠕虫及小鱼。

【地理分布】世界各暖海区。我国海南岛，西沙群岛，台湾海域。

【GenBank】KJ550308

【保护等级】least concern（无危）

【生态与应用价值】堂皇芋螺为一类泛珊瑚礁区域的软体动物，多活动于珊瑚礁的地区。肉食性，觅食珊瑚礁中小型鱼类和其他软体动物，是珊瑚礁生态系统中重要的一类消费者。堂皇芋螺可调节平衡珊瑚礁生态环境中各底栖生物间的关系，维持珊瑚礁生态环境的平衡。

信号芋螺
Conus litteratus

芋螺科 Conidae
芋螺属 *Conus*

【形态特征】信号芋螺长 24-186mm，贝壳坚固，体螺层呈圆锥形，螺塔低，底色为白色，体螺层布满由黑褐色斑点及纵向短条纹所构成的螺列。螺塔缝合面布有黑褐色放射状斑纹。壳口为白色。壳的边缘直，壳阶很大，渐窄，螺口窄，开于第 1 壳阶。倾斜角度很大从而在壳阶的顶上形成一基台。螺塔呈阶梯状并有凹陷，还有一突出的中间壳顶。与身体平行的薄唇形成一贯穿壳阶全长的笔直且狭窄的孔眼。右侧裂有长沟，是它的壳口，壳口狭长，前沟宽短。厣角质，小，齿片大，无颚片。

【繁殖】雌性异体，有性生殖。春、夏季节为繁殖期，卵囊袋状，常附着在岩石上，每个雌体一次的产卵囊数约为 10-100 个。

【生态生境】属热带地区的贝类，喜欢生活在温暖的水域中，栖息于潮间带至水深 20m 以下的岩礁及珊瑚间的砂中。平常昼伏夜出，行动缓慢，多以肉食为主，摄食其他软体动物、蠕虫及小鱼。

【地理分布】印度洋—西太平洋。我国南海。

【GenBank】KJ550338

【保护等级】least concern（无危）

【生态与应用价值】信号芋螺为一类泛珊瑚礁区域的软体动物，多活动于珊瑚礁的地区。肉食性，觅食珊瑚礁中小型鱼类和其他软体动物，是珊瑚礁生态系统中重要的一类消费者。信号芋螺可调节平衡珊瑚礁生态环境中各底栖生物间的关系，维持珊瑚礁生态环境的平衡。

黑芋螺
Conus marmoreus

芋螺科 Conidae
芋螺属 *Conus*

【形态特征】贝壳较大，呈倒圆锥形，壳高 77.5mm，壳宽 43.1mm。螺旋部稍高出体螺层。在螺层的肩部上生有不少明显的结节状突起。肩部与缝合线之间有 1 条半圆形螺沟。贝壳为黑褐色，满布较大的近三角形白斑。壳表被有金黄色壳皮，壳口内面为淡粉红色。前沟宽短，后沟为一 "U" 形窦。

【繁殖】雌性异体，有性生殖。春、夏季节为繁殖期，卵囊袋状，常附着在岩石上，每个雌体一次的产卵囊数约为 10-100 个。

【生态生境】生活在低潮线至水深数米的沙滩或珊瑚礁上。

【地理分布】印度洋—西太平洋热带海域。我国海南岛，西沙群岛，台湾海域。

【GenBank】KJ550369

【保护等级】least concern（无危）

【生态与应用价值】黑芋螺为一类泛珊瑚礁区域的软体动物，多活动于珊瑚礁的地区。肉食性，觅食珊瑚礁中小型鱼类和其他软体动物，是珊瑚礁生态系统中重要的一类消费者。黑芋螺可调节平衡珊瑚礁生态环境中各底栖生物间的关系，维持珊瑚礁生态环境的平衡。

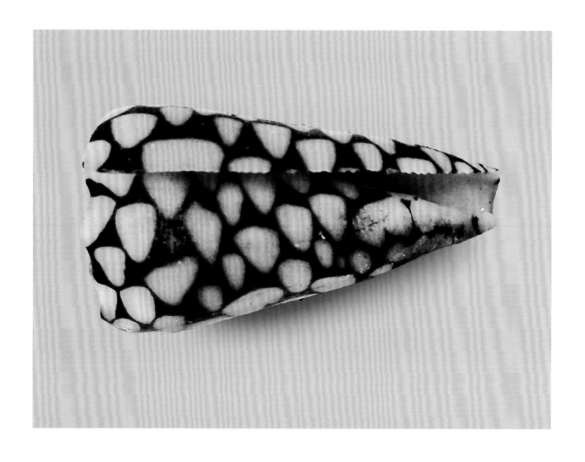

斑疹芋螺
Conus pulicarius

芋螺科 Conidae
芋螺属 *Conus*

【形态特征】斑疹芋螺长 30-75mm，呈圆锥 - 圆柱形或中间膨大的圆锥形；肩部浑圆，略具有角，并有结节；螺塔低，塔螺层有强烈的结节；体螺层下部 1/4 有螺肋与螺沟。底色为白色，体螺层具有由排列不规则的深褐色斑点所构成的螺列，斑点较聚集处形成螺带，螺带处有时会具有淡黄色或淡褐色的阴影。成壳的缝合面有不同数量及排列方式的斑点。壳口为白色或苍白色，并常带有淡黄色。亚成体的壳皮为黄色或黄褐色，成体的壳皮为红褐色。壳的边缘直，壳阶很大，渐窄，螺口窄，开于第 1 壳阶。倾斜角度很大从而在壳阶的顶上形成一基台。螺塔呈阶梯状并有凹陷，有一突出的中间壳顶。与身体平行的薄唇形成一贯穿壳阶全长的笔直而狭窄的

孔眼。壳口狭长，前沟宽短。厣角质小，齿片大，无颚片。

【繁殖】雌性异体，有性生殖。春、夏季节为繁殖期，卵囊袋状，常附着在岩石上，每个雌体一次的产卵囊数约为 10-100 个。

【生态生境】为典型的热带种类，喜欢生活在温暖的水域中，栖息于潮间带、浅海至较深的沙、岩石或珊瑚礁海底。平常昼伏夜出，行动缓慢，肉食性，以蠕虫、鱼类或其他软体动物为食。

【地理分布】日本以南至印度洋—西太平洋。我国南海。

【GenBank】KJ550431

【保护等级】least concern（无危）

【生态与应用价值】斑疹芋螺为一类泛珊瑚礁区域的软体动物，多活动于珊瑚礁的地区。肉食性，觅食珊瑚礁中小型鱼类和其他软体动物，是珊瑚礁生态系统中重要的一类消费者。斑疹芋螺可调节平衡珊瑚礁生态环境中各底栖生物间的关系，维持珊瑚礁生态环境的平衡。

象牙芋螺
Conus eburneus

芋螺科 Conidae
芋螺属 *Conus*

【形态特征】象牙芋螺长30-79mm，贝壳坚固，呈倒锥形。底色为白色，体螺层的螺带由黑褐色至红褐色方形斑点、蝌蚪状斑构成。具有浅黄褐色横带，个体变异很多，体螺层下半部常有微弱螺沟；壳口为白色。壳的边缘直，壳阶很大，渐窄，螺塔低，螺口窄，开于第1壳阶。倾斜角度很大从而在壳阶的顶上形成一基台。螺塔呈阶梯状并有凹陷，还有一突出的中间壳顶。与身体平行的薄唇形成一贯穿壳阶全长的笔直而狭窄的孔眼。右侧裂有长沟，是它的壳口，壳口狭长，前沟宽短。厣角质，小，齿片大，无颚片。

【繁殖】雌性异体，有性生殖。春、夏季节为繁殖期，卵囊袋状，常附着在岩石上，每个雌体一次的产卵囊数约为10-100个。

【生态生境】属热带地区的贝类，喜欢生活在温暖的水域中，栖息在潮间带至水深65m、岩礁间的砂中。平常昼伏夜出，行动缓慢，多以肉食为主，摄食其他软体动物、蠕虫及小鱼。

【地理分布】太平洋中部。菲律宾海域。我国南海。

【GenBank】KJ550217

【保护等级】least concern（无危）

【生态与应用价值】象牙芋螺为一类泛珊瑚礁区域的软体动物，多活动于珊瑚礁的地区。肉食性，觅食珊瑚礁中小型鱼类和其他软体动物，是珊瑚礁生态系统中重要的一类消费者。象牙芋螺可调节平衡珊瑚礁生态环境中各底栖生物间的关系，维持珊瑚礁生态环境的平衡。

鸽螺
Peristernia nassatula

细带螺科 Fasciolariidae
鸽螺属 *Peristernia*

【形态特征】贝壳中大型，坚固，前水管沟长。壳表有厚轴肋和螺旋雕刻，通常有柔软光滑的壳皮覆盖。壳口呈卵形。外唇没有增厚，内壁有螺旋纹。口盖呈叶状，核在下方。软体部位为红色。齿舌的中央齿狭窄有 3 齿尖。侧齿宽，有许多栉状齿尖。肉食性。壳略呈菱形，体层略膨胀。壳上密布螺纹，各体层有膨胀粗纵肋，略呈棘状突，肋间为褐色。壳口为淡紫色。轴唇具皱褶。口盖角质，深褐色，具螺纹，核于下方与壳口约等大。

【繁殖】雌性异体，有性生殖。

【生态生境】肉食性。栖息于潮间带岩礁地区。

【地理分布】印度尼西亚海域。我国海南岛，西沙群岛，中沙群岛，南沙群岛，台湾海域。

【GenBank】KT753957

【保护等级】least concern（无危）

【生态与应用价值】鸽螺为一类泛珊瑚礁区域的软体动物，多活动于珊瑚礁的地区。肉食性，觅食珊瑚礁中小型鱼类和其他软体动物，是珊瑚礁生态系统中重要的一类消费者。鸽螺可调节平衡珊瑚礁生态环境中各底栖生物间的关系，维持珊瑚礁生态环境的平衡。

紫栖珊瑚螺
Coralliophila neritidea

珊瑚螺科 Coralliophilidae
珊瑚螺属 *Coralliophila*

【形态特征】贝壳个体小，壳薄，螺塔高且尖，体层大，前水管沟长度中等。脐孔深，棘尖，基部较宽，一侧裂开，壳表为黄白色或灰色，有粉红色或淡褐色的斑纹。壳呈近圆形到橄榄形，壳厚。壳为灰白色，密布细螺肋，水管不明显。壳口为紫色，呈椭圆形。口盖角质。生长在珊瑚表面，壳表常附着石灰质。

【繁殖】雌性异体，有性生殖。

【生态生境】栖息于潮下线的岩礁地区，主要分布于热带和亚热带暖水区，通常栖息于珊瑚礁间和较深的海域。

【地理分布】印度尼西亚海域。我国海南岛，西沙群岛，中沙群岛，南沙群岛，台湾海域。

【GenBank】暂无

【保护等级】least concern（无危）

【生态与应用价值】紫栖珊瑚螺为一类泛珊瑚礁区域的软体动物，多活动于珊瑚礁丰茂的地区，觅食珊瑚礁石上的多种藻类和沉积物，是珊瑚礁生态系统中重要的一类消费者和分解者。紫栖珊瑚螺不仅可以清除珊瑚礁上的藻类以促进珊瑚的生长，还具有较强的环境适应性，可作为人工修复岛礁的优先恢复工程物种。

斑鸠牙螺
Euplica turturina

核螺科 Columbellidae
牙螺属 *Euplica*

【形态特征】贝壳小型，呈纺锤形，壳表有光泽。外唇通常肥厚，内壁有一些小齿。水管沟明显。口盖角质，呈矩形。齿舌狭舌形，中央齿缺乏齿尖。

【繁殖】雌性异体，有性生殖。

【生态生境】栖息于海藻上，潮间带到深海海域。肉食性。

【地理分布】热带到北极海域。我国南海，台湾海域。

【GenBank】JQ950207

【保护等级】least concern（无危）

【生态与应用价值】斑鸠牙螺为一类泛珊瑚礁区域的软体动物，多活动于珊瑚礁的地区。肉食性，觅食珊瑚礁中的礁栖动物，是珊瑚礁生态系统中重要的一类消费者。斑鸠牙螺可调节平衡珊瑚礁生态环境中各底栖生物间的关系，维持珊瑚礁生态环境的平衡。

管角螺
Hemifusus tuba

盔螺科 Melongenidae
角螺属 *Hemifusus*

【形态特征】贝壳大，呈纺锤形。壳面黄白色，外被有一层棕色或黄褐色壳皮和壳毛。并具有粗细相见的螺肋和弱的纵肋，各螺层的肩角上有角状突起。壳口大，前沟直且延长，半管状。

【繁殖】雌雄异体，有性生殖。

【生态生境】管角螺为肉食性贝类，其肝胰脏腺发达，喜食双壳类，尤其是薄壳无足丝种类，如缢蛏、蓝蛤、杂色蛤等。食性凶猛，以发达的足缠住贝壳，口吻伸入体内摄食，刚出膜的稚螺有摄食底栖硅藻的习性，对贝肉、虾鱼肉糜具明显的趋食性，且当饵料不足时会自相残食。是海产底栖动物，主要生活在近海约 10m 的泥沙或泥质海底。

【地理分布】日本海。我国东、南沿海。

【GenBank】KF774241

【保护等级】least concern（无危）

【生态与应用价值】管角螺为一类泛珊瑚礁区域的软体动物，多活动于珊瑚礁丰茂的地区，觅食珊瑚礁石上的硅藻和沉积物，是珊瑚礁生态系统中重要的一类消费者和分解者。管角螺不仅可以清除珊瑚礁上的藻类以促进珊瑚的生长，还具有较强的环境适应性，可作为人工修复岛礁的优先恢复工程物种。

刺核果螺
Drupa grossularia

骨螺科 Muricidae
核果螺属 *Drupa*

【形态特征】贝壳背腹扁，呈近卵圆形。壳高 30.5mm，宽 29.0mm。体螺层具发达的螺肋约 5 条，上方的 2 条较粗壮，其上具结节突起，并具纵肋纹。壳面为黄白色。壳口狭长，呈橙黄色，外唇边缘具 5 个指状突起，似蹼足状，上方 2 条特发达。

【繁殖】雌性异体，有性生殖。

【生态生境】暖海产，通常生活于低潮线附近至浅海珊瑚礁和岩礁质环境中。

【地理分布】印度洋，太平洋。我国海南及台湾海域。

【GenBank】HE584490

【保护等级】least concern（无危）

【生态与应用价值】刺核果螺为一类泛珊瑚礁区域的软体动物，多活动于珊瑚礁丰茂的地区，觅食珊瑚礁石上的多种藻类和沉积物，是珊瑚礁生态系统中重要的一类消费者和分解者。刺核果螺不仅可以清除珊瑚礁上的藻类以促进珊瑚的生长，还具有较强的环境适应性，可作为人工修复岛礁的优先恢复工程物种。

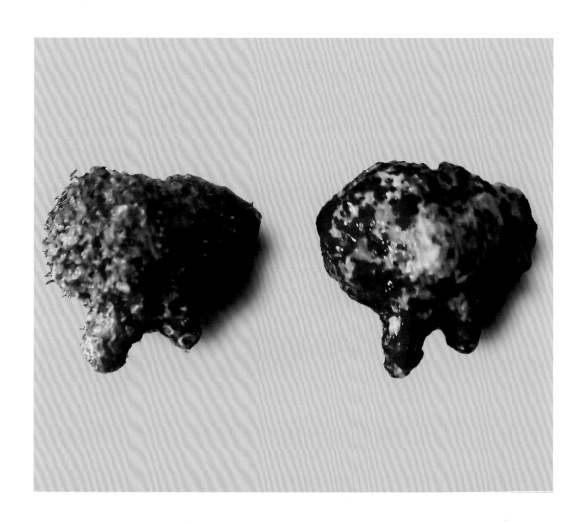

核果螺
Drupa morum

骨螺科 Muricidae
核果螺属 *Drupa*

【形态特征】贝壳呈拳头形，螺塔低；壳表为灰白色，螺层和体层为蓝黑色，有粗瘤列；壳口为蓝紫色。贝壳腹面平，背面凹呈半球状，壳质坚厚。壳高 24.2mm，壳宽 24.0mm。体螺层上具有环形且发达的结节突起 5 或 6 列，中部 1 列最为发达。壳口狭而长。紫色外唇边缘有 5 个三角状突起向外延伸，外唇内缘有齿 4 组；内唇向外扩张，表面不平，轴唇近下部有 5 条褶襞。前沟为一斜形的深缺刻，具褐色角质厣。

【繁殖】雌性异体，有性生殖。

【生态生境】栖于潮间带至 10m 以下深的岩礁海底。

【地理分布】印度洋，太平洋。我国海南及台湾海域。

【GenBank】HE584509

【保护等级】least concern（无危）

【生态与应用价值】核果螺为一类泛珊瑚礁区域的软体动物，多活动于珊瑚礁丰茂的地区，觅食珊瑚礁石上的多种藻类和沉积物，是珊瑚礁生态系统中重要的一类消费者和分解者。核果螺不仅可以清除珊瑚礁上的藻类以促进珊瑚的生长，还具有较强的环境适应性，可作为人工修复岛礁的优先恢复工程物种。

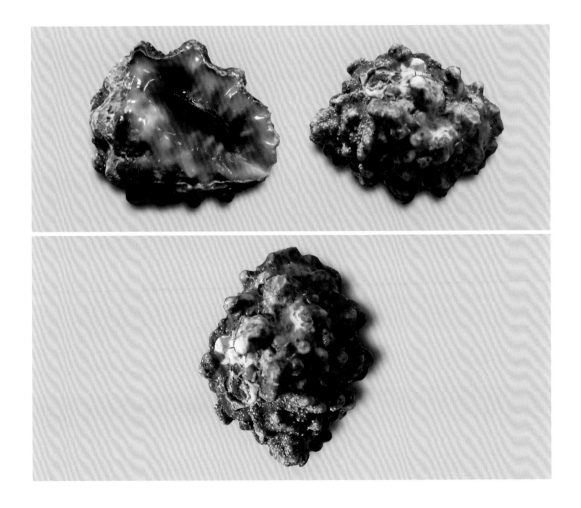

黄斑核果螺
Drupa ricina

骨螺科 Muricidae
核果螺属 *Drupa*

【形态特征】贝壳中型，最先的螺层为稍有规则的螺旋，而以后的螺层逐渐松散开来。螺层的肩部有沟状构造，或小孔排列。口盖呈圆锥形或圆形，在其周围有长的棘刺形成。壳约略呈倒三角形，壳表为白色到淡黄色，螺塔低。壳表有许多短棘突，外唇缘具长棘。壳口狭窄，各唇发达，有不连续的齿突分布于壳口周围，壳口为白色，上面有间断的黄色斑。螺壳小，有尖棘，靠外唇处的棘较其他部位长。螺轴及外唇的内侧有方形钝齿将壳口显著地缩窄。壳表近白色，棘尖端为黑色；壳口有一橙色环。

【繁殖】雌性异体，有性生殖。

【生态生境】栖息在潮间带的岩礁区、低潮线以下。

【地理分布】我国西沙群岛，海南及台湾等海域。

【GenBank】暂无

【保护等级】least concern（无危）

【生态与应用价值】黄斑核果螺为一类泛珊瑚礁区域的软体动物，多活动于珊瑚礁丰茂的地区，觅食珊瑚礁石上的多种藻类和沉积物，是珊瑚礁生态系统中重要的一类消费者和分解者。黄齿岩螺不仅可以清除珊瑚礁上的藻类以促进珊瑚的生长，还具有较强的环境适应性，可作为人工修复岛礁的优先恢复工程物种。

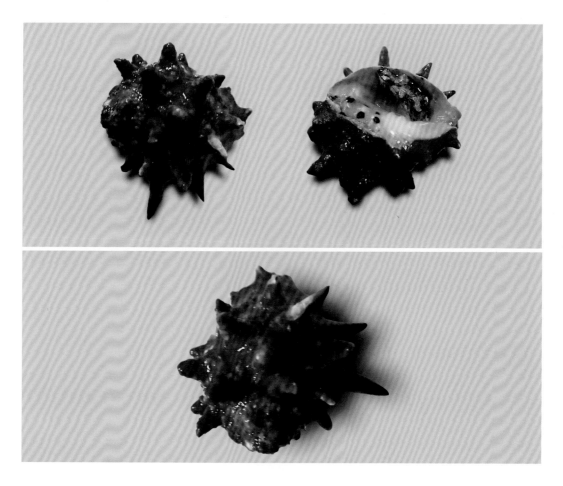

刺荔枝螺
Thais echinata

骨螺科 Muricidae
荔枝螺属 *Thais*

【形态特征】贝壳呈纺锤形，螺层约为6层，螺旋部约为壳高的1/2，缝合线浅。螺旋部每层中下方有1环列的角刺状突起，这种突起在体螺层有列，突起间有细螺肋，肋上有细微的鳞片。壳面为黄白色，壳口呈卵圆形。外唇缘具缺刻，内唇光滑。前沟短，具假脐，厣角质。

【繁殖】雌性异体，有性生殖。

【生态生境】暖海产，生活在潮间带中、下区的岩礁间。

【地理分布】日本，新加坡海域。我国东南海域。

【GenBank】HE584175

【保护等级】least concern（无危）

【生态与应用价值】刺荔枝螺为一类泛珊瑚礁区域的软体动物，多活动于珊瑚礁丰茂的地区，觅食珊瑚礁石上的多种藻类和沉积物，是珊瑚礁生态系统中重要的一类消费者和分解者。刺荔枝螺不仅可以清除珊瑚礁上的藻类以促进珊瑚的生长，还具有较强的环境适应性，可作为人工修复岛礁的优先恢复工程物种。

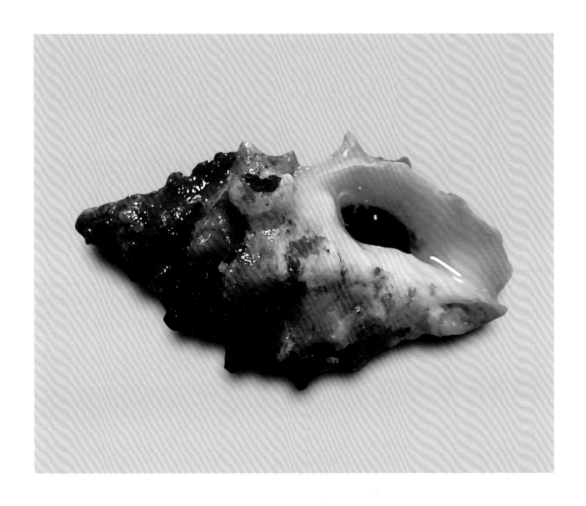

焦棘螺
Chicoreus torrefactus

骨螺科 Muricidae
棘螺属 *Chicoreus*

【形态特征】焦棘螺略呈纺锤形。壳高 80.1mm，壳宽 41.0mm。壳面为紫褐色或灰褐色。壳质坚厚，螺层约为 8 层，螺旋部高。各螺层具纵肿肋 3 条，肋间有 1 或 2 个结节。壳面为紫褐色，具致密的螺肋。壳口略圆，内唇光滑；外唇缘呈齿列状，外侧有 5 个粗枝棘，棘间有小棘。前沟长，弯向背方，外侧有 3 条枝棘；后沟呈缺刻状。

【繁殖】雌性异体，有性生殖。

【生态生境】匍匐生活于浅海岩礁底。

【地理分布】我国海南、台湾海域，南海珊瑚岛礁。

【GenBank】MG786489

【保护等级】least concern（无危）

【生态与应用价值】焦棘螺为一类泛珊瑚礁区域的软体动物，多活动于珊瑚礁丰茂的地区，觅食珊瑚礁石上的多种藻类和沉积物，是珊瑚礁生态系统中重要的一类消费者和分解者。焦棘螺不仅可以清除珊瑚礁上的藻类以促进珊瑚的生长，还具有较强的环境适应性，可作为人工修复岛礁的优先恢复工程物种。

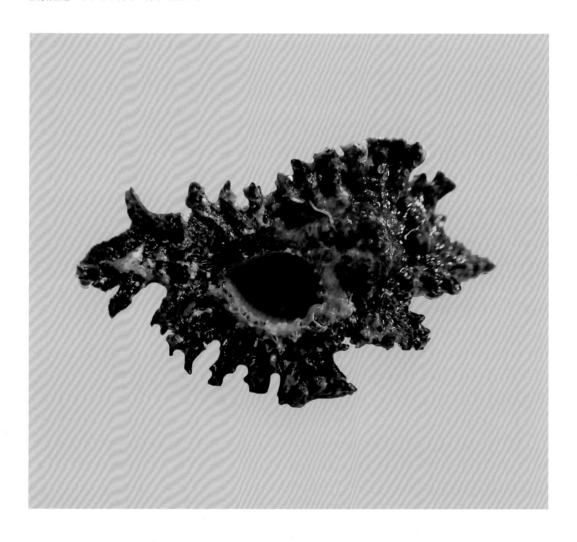

锈笔螺
Mitra ferruginea

笔螺科 Mitridae
笔螺属 *Mitra*

【**形态特征**】锈笔螺壳呈纺锤形。壳高39.0mm，壳14.8mm。螺层约为10层，缝合线明显。贝壳壳表具较强的螺肋，次肋在螺旋部为3或4条，在体螺层约为17条。壳面呈黄白色，具纵走的橘红色花纹及色带。壳口狭长，内面呈淡黄色。外唇略向外扩张，边缘具与螺肋相应的线纹；内唇具5条褶叠。前沟略向背方弯曲。

【**繁殖**】雌性异体，有性生殖。

【**生态生境**】生活在低潮线的珊瑚礁中。

【**地理分布**】我国东南海域。

【**GenBank**】暂无

【**保护等级**】least concern（无危）

【**生态与应用价值**】锈笔螺为一类泛珊瑚礁区域的软体动物，多活动于珊瑚礁丰茂的地区，觅食珊瑚礁石上的多种藻类和沉积物，是珊瑚礁生态系统中重要的一类消费者和分解者。锈笔螺可清除珊瑚礁上的藻类和沉积物，维持珊瑚礁藻类和珊瑚间竞争关系的稳定，有利于促进珊瑚的生长。

犬齿螺
Vasum turbinellus

犬齿螺科 Vasidae
犬齿螺属 *Vasum*

【形态特征】犬齿螺贝壳呈倒三角形，壳质厚重，结实。壳高84mm，宽68mm，螺层约为6层。缝合线不明显。螺旋部小且低平，壳顶微凸出，在基部螺层上方有一环列疣状突起。体螺层很大，其上扩张，向前逐渐变窄瘦，其上具有6或7环列瘤状突起，以上方第1列最为发达，中间2或3列突然缩小，第6列又突然增大，最后一列又缩小或不明显。壳面为灰白色，肋间为紫褐色，此色有时延伸到瘤状突起上面。壳口窄长，内面呈淡黄白色，外唇内缘具有4-7块紫褐色斑，并具有成对小齿。轴唇4或5个肋状褶襞（通常为4条），内唇有时染紫褐色斑。前沟窄，前端稍向背方扭曲，具假脐，其外侧有较强的绷带。厣角质，厚，葵花子形，内面外侧部和基部有一加厚的镶边，具同心圆刻纹，核在中央。

【繁殖】雌性异体，有性生殖。

【生态生境】海水生，热带种，生活在潮间带低潮区或稍深的浅海岩礁海底。

【地理分布】印度洋和太平洋暖水区。北自日本海域（奄美大岛以南），向南经菲律宾海域，再向南至澳大利亚北海域，东自约翰斯顿岛、萨摩亚群岛，向西经太平洋诸岛、印度洋等岛屿至东非沿岸、红海直到南非沿岸海域。我国海南岛，西沙群岛，恒春半岛及澎湖列岛。

【GenBank】HQ834084

【保护等级】least concern（无危）

【生态与应用价值】犬齿螺为一类泛珊瑚礁区域的软体动物，多活动于珊瑚礁丰茂的地区，觅食珊瑚礁石上的多种藻类和沉积物，是珊瑚礁生态系统中重要的一类消费者和分解者。犬齿螺可清除珊瑚礁上的藻类和沉积物，维持珊瑚礁藻类和珊瑚间竞争关系的稳定，有利于促进珊瑚的生长。

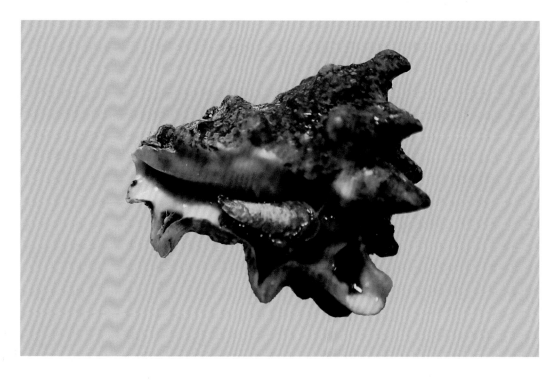

中腹足目 Mesogastropoda

肉色宝贝
Cypraea carneola

宝贝科 Cypraeidae
宝贝属 *Cypraea*

【形态特征】贝壳呈长卵圆形，背部膨圆，后端钝，壳顶凹陷。壳面光滑，呈淡肉色或淡黄色，背部有 4 条较宽的肉红色螺带，两侧缘上常有细螺纹。腹面稍平，为淡粉色或淡黄白色，壳口狭长，两唇内缘齿列细短，齿间呈紫罗兰色。

【繁殖】雌性异体，有性生殖。

【生态生境】生活于热带、亚热带。多在潮间带低潮区或稍深岩礁质的海底，潮水退后多隐藏在礁石块下或洞穴中，行动缓慢，怕强光，白天蛰伏在珊瑚洞穴或岩石下面，黎明或黄昏时外出觅食，是肉食性种类。它们用齿舌捕食海绵、有孔虫、藻类、珊瑚动物和小的甲壳类动物。

【地理分布】印度洋，太平洋。我国海域。

【GenBank】暂无

【保护等级】least concern（无危）

【生态与应用价值】肉色宝贝为一类泛珊瑚礁区域的软体动物，多活动于珊瑚礁的地区。肉食性，觅食珊瑚礁中的礁栖动物，是珊瑚礁生态系统中重要的一类消费者。肉色宝贝可调节平衡珊瑚礁生态环境中各底栖生物间的关系，维持珊瑚礁生态环境的平衡。

虎斑宝贝
Cypraea tigris

宝贝科 Cypraeidae
宝贝属 *Cypraea*

【形态特征】虎斑宝贝长 38-134mm，属于大型宝螺。贝壳坚固大而重，背膨圆，底部扁平或微凹。壳缘在壳上半部呈长形隆起，表面镀有 1 层珐琅质，极光滑并富有光泽。贝壳的背面至周缘以白色至浅褐色为底，缀有许多大小不同的黑褐色斑点，壳面上的背线（mantle line）为浅黄色，腹面为白色。花纹图案分 2 层：下层为浅蓝灰色；上层介于浅红和深褐色之间。双层的构图使壳表斑点显得拥挤，且常常融合在一起，上层圆点周围常为黄橙色。外唇齿短且宽；内唇齿较细且长，但最下端 4 枚齿则大且短，强度弱，齿间缝隙大。壳口狭长，壳体背面的中央线上呈缝状，壳口长度几乎等于壳长。两唇很厚向内卷，唇缘厚，边缘具齿纹，无厣。成年个体的螺旋部极小，一般埋于体螺层中，吻和水管都比较短。外套膜和足都十分发达，一般具有外触角。生活时外套膜伸展将贝壳包被起来，其身体可以全部缩入壳内。

【繁殖】雌性异体，有性生殖。

【生态生境】生活于热带和亚热带暖海区，从潮间带至较深的岩礁、珊瑚礁或泥沙海底均有其踪迹。在海洋中可以下潜的最大深度为 800m。昼伏夜出，白天隐藏在岩石和珊瑚的裂缝及小洞穴里。主要以藻类或珊瑚礁栖息动物等为食。

【地理分布】印度洋—西太平洋。菲律宾群岛。西澳大利亚至新南威尔士北部海域。我国海南岛，西沙群岛，中沙群岛，南沙群岛。

【GenBank】DQ207139

【保护等级】least concern（无危）

【生态与应用价值】虎斑宝贝为一类泛珊瑚礁区域的软体动物，多活动于珊瑚礁的地区。觅食珊瑚礁中的藻类和其他礁栖动物，是珊瑚礁生态系统中重要的一类消费者。虎斑宝贝可调节平衡珊瑚礁生态环境中各底栖生物间的关系，维持珊瑚礁生态环境的平衡。

卵黄宝贝
Cypraea vitellus

宝贝科 Cypraeidae
宝贝属 *Cypraea*

【形态特征】卵黄宝贝长 46-100mm，属于中型宝螺，贝壳坚固，通常为肿胀的梨形，表面镀有 1 层珐琅质，极光滑并富有光泽。背面为褐色至浅黄色，有 2 或 3 条模糊的浅色横带，自背面到两侧均有大小不一的乳白色圆点，有时会略呈漩涡排列。侧面周缘处有垂直、云状白色细条纹。腹面及齿为白色或很浅的褐色。壳口狭长，壳体背面的中央线上呈缝状，其长度几乎等于壳长。两唇很厚向内卷，唇缘厚，边缘具齿纹，无脐。成年个体的螺旋部极小，一般埋于体螺层中，吻和水管都比较短。外套膜和足都十分发达，一般具有外触角。生活时外套膜伸展将贝壳包被起来。

【繁殖】雌性异体，有性生殖。

【生态生境】生活在热带、亚热带浅海中，栖息于潮间带至水深 150m 处的岩砾或石质底及珊瑚礁区，潮水退后，多隐入礁石块的下面、珊瑚礁的空隙间和洞穴内，行动缓慢，怕强光，白天蛰伏在珊瑚洞穴或岩石下面，黎明或黄昏时外出觅食，是肉食性种类。它们用齿舌捕食海绵、有孔虫、藻类、珊瑚动物和小的甲壳类动物。

【地理分布】印度洋—西太平洋热带和亚热带海域。日本的房总半岛及山口县北部的日本海海岸以南，菲律宾群岛，澳大利亚的卢因角（Cape Leeuwin），西澳大利亚至新南威尔士中部海域。我国台湾海域，西沙，南沙群岛。

【GenBank】DQ324051

【保护等级】least concern（无危）

【生态与应用价值】卵黄宝贝为一类泛珊瑚礁区域的软体动物，多活动于珊瑚礁的地区。觅食珊瑚礁中的藻类和其他礁栖动物，是珊瑚礁生态系统中重要的一类消费者。卵黄宝贝可调节平衡珊瑚礁生态环境中各底栖生物间的关系，维持珊瑚礁生态环境的平衡。

蛇首眼球贝
Erosaria caputserpentis

宝贝科 Cypraeidae
眼球贝属 *Erosaria*

【形态特征】蛇首眼球贝贝壳长 15-45mm，坚固厚重，通常为卵圆形，背部隆起，底部扁平，两侧张开，形成棱角的缘，表面镀有 1 层珐琅质，极光滑富有光泽，壳口两侧有短齿，壳口两端水管沟无齿。驼起的背部为褐色，并有大小不一的白色斑点，壳缘覆深赭褐色带，壳口两端背面为奶油色，齿与相邻的底部为白色。幼贝呈蓝色。壳口狭长，在体背面的中央线上呈缝状，其长度几乎等于壳长。两唇很厚向内卷，唇缘厚，边缘具齿纹，无屑。成年个体的螺旋部极小，一般埋于体螺层中，吻和水管都比较短。外套膜和足都十分发达，一般具有外触角。生活时外套膜伸展将贝壳包被起来。

【繁殖】雌雄异体，产卵多在 3-7 月，卵一般产在珊瑚洞穴、空贝壳及阴暗的地方。母贝产卵后并不离开卵群，仍卧伏在卵群上面刻意保护，直到孵化为止。

【生态生境】生活在热带、亚热带浅海中，常在潮间带低潮线附近岩礁质的海底栖息，潮水退后，多隐入礁石块的下面、珊瑚礁的空隙间和洞穴内，行动缓慢，怕强光，白天蛰伏在珊瑚洞穴或岩石下面，黎明或黄昏时外出觅食，是肉食性种类。它们用齿舌捕食海绵、有孔虫、藻类、珊瑚动物和小的甲壳类动物。

【地理分布】印度洋—西太平洋。我国南海珊瑚岛礁。

【GenBank】DQ324054

【保护等级】least concern（无危）

【生态与应用价值】蛇首眼球贝为一类泛珊瑚礁区域的软体动物，多活动于珊瑚礁的地区。觅食珊瑚礁中的藻类和其他礁栖动物，是珊瑚礁生态系统中重要的一类消费者。蛇首眼球贝可调节平衡珊瑚礁生态环境中各底栖生物间的关系，维持珊瑚礁生态环境的平衡。

蛇目鼹贝
Talparia argus

宝贝科 Cypraeidae
鼹贝属 *Talparia*

【形态特征】贝壳为鲜明的圆筒状，螺层内卷。壳口狭长，外唇和内唇有细齿，齿舌呈纽舌形。外套膜薄、为二叶型，活体几乎完全覆盖贝壳。至成体时螺旋部几乎消失，且成体无脐。壳面平滑而富有光泽，为淡黄褐色，其上有许多大小不等的褐色环纹，壳面上并有 2 条黄白色横带。进食时，主要依靠较窄长的齿舌进行活动。它们还有一个奇特的习性，当四处爬行时，或翘起尾巴，然后又突然放下，这也是一种防御手段。

【繁殖】雌性异体，有性生殖。

【生态生境】生活于热带和亚热带暖海区，从潮间带至较深的岩礁、珊瑚礁或泥沙海底均有其踪迹。生活在珊瑚礁附近，水的温度不得低于 15℃，在海洋下潜 20m 以下。昼伏夜出，白天隐藏在岩石和珊瑚的裂缝及小洞穴里。主要以藻类或珊瑚动物等为食，海绵、有孔虫和小的甲壳动物等也是它们猎取的对象。

【地理分布】热带印度洋—太平洋。从东非沿岸至斐济沿岸。我国南海诸岛。

【GenBank】暂无

【保护等级】least concern（无危）

【生态与应用价值】蛇目鼹贝为一类泛珊瑚礁区域的软体动物，多活动于珊瑚礁的地区。觅食珊瑚礁中的藻类和其他礁栖动物，是珊瑚礁生态系统中重要的一类消费者。蛇目鼹贝可调节平衡珊瑚礁生态环境中各底栖生物间的关系，维持珊瑚礁生态环境的平衡。

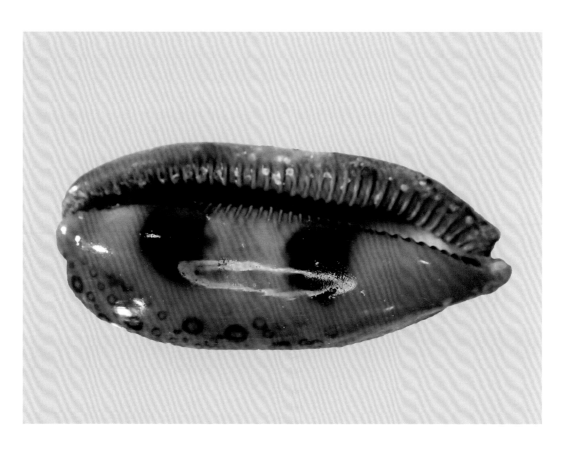

斑凤螺
Strombus lentiginosus

凤螺科 Strombidae
凤螺属 *Strombus*

【形态特征】斑凤螺又称粗瘤凤凰螺，长55-105mm。壳中大型、厚重，壳形略为方形，螺塔较高，壳面粗糙，口面光滑。螺体肩部有很发达的瘤及刻痕；体层有4排以上的瘤，肩部上的瘤较大，其余较小。外唇厚且外翻，前端呈锯齿状，后端有波浪状突起，无齿状襞。轴唇前端滑层加厚，伸长至螺塔。缺刻明显。壳表颜色为乳白色或银白色，有不规则的褐斑及条纹。壳口为橙色，外缘为乳白色，轴唇为白色且有银色光泽。轴唇滑层厚，壳口及轴唇光亮，无齿状襞。厣小角质，不能覆盖壳口，边缘常呈锯齿状。厣不仅是动物向前行进的杠杆，还是动物保护器官的防卫武器。如果被鱼类和蟹类猎食，即用它御敌。雌雄异体，成熟的雄性个体在背部右侧有1个长的阴茎。神经系统相当集中，没有唇神经连索。平衡器1个，仅有1枚耳石。唾液腺位于食道神经节的后方，通常没有食道附属腺、吻和水管。排泄和呼吸系统没有对称的痕迹，右侧相应器官退化。心脏只有1个心耳，不被直肠穿过。鳃1枚，呈栉状，通过全表面附在外套膜上。肾直接开口在身体外面，有的具有1条输尿管。具有生殖孔，雄性个体具有交接器。齿式通常为2-1-1-1-2。

【繁殖】雌性异体，有性生殖。

【生态生境】生活于热带和亚热带海域，喜欢在温暖的水域中和浅海泥质或砾质海底活动，栖所环境在浅海珊瑚海底、潮下带。足部窄，但很强壮，行动敏捷，可以向前跳动，可跳10.2cm之远。以藻类和有机碎屑为食。

【地理分布】印度洋，太平洋。日本以南，非洲东部以东，澳大利亚以北，法属波利尼西亚以西海域。我国海南岛，西沙群岛，中沙群岛，南沙群岛，台湾海域。

【GenBank】JF693421

【保护等级】least concern（无危）

【生态与应用价值】斑凤螺为一类泛珊瑚礁区域的软体动物，多活动于珊瑚礁丰茂的地区，觅食珊瑚礁石上的多种藻类和沉积物，是珊瑚礁生态系统中重要的一类消费者和分解者。斑凤螺不仅可以清除珊瑚礁上的藻类以促进珊瑚的生长，还具有较强的环境适应性，可作为人工修复岛礁的优先恢复工程物种。

蝎尾蜘蛛螺
Lambis scorpius

凤螺科 Strombidae
蜘蛛螺属 *Lambis*

【形态特征】蝎尾蜘蛛螺成体壳尺寸95-220mm，壳为纺锤形。螺塔高度适中，其各层为弱龙骨状。体螺层布有螺线，肩部具有大瘤，中央则具2条小瘤状螺列。轴唇及壳口具有许多强烈的细褶襞。外唇边缘呈齿状，具有7条长且具有瘤的指状棘（包含前水管沟在内），前部的棘呈钩状，最后的棘左侧具有1个明显的耳状叶，其中前4条较短且反曲。最后1条瘤较少，且其基部有小叶突起，前水管沟细长且强烈弯曲。壳底色为奶油白色或淡黄褐色，有或多或少的褐色条纹及斑。壳口边缘为黄橙色或黄褐色，内部为紫色掺杂着黑色和白色，齿状襞为白色。轴唇为橙色，且白色的齿状襞间为紫色。

【繁殖】雌雄异体，有性生殖。

【生态生境】植食性软体动物，以各种藻类和有机碎屑为食。该种并不像蜗牛般滑行，而是以其尖锐及呈镰刀状的盖将身体向前推进。足部窄，但很强壮，行动敏捷，可以向前跳动，可跳10.2cm之远。

【地理分布】太平洋西部。菲律宾海域。我国南海。

【GenBank】暂无

【保护等级】least concern（无危）

【生态与应用价值】蝎尾蜘蛛螺为一类泛珊瑚礁区域的软体动物，多活动于珊瑚礁丰茂的地区，觅食珊瑚礁石上的多种藻类和沉积物，是珊瑚礁生态系统中重要的一类消费者和分解者。蝎尾蜘蛛螺不仅可以清除珊瑚礁上的藻类以促进珊瑚的生长，还具有较强的环境适应性，可作为人工修复岛礁的优先恢复工程物种。

中华锉棒螺
Rhinoclavis sinensis

蟹守螺科 Cerithiidae
锉棒螺属 *Rhinoclavis*

【形态特征】 贝壳呈圆锥形，中等大且坚固。壳高 47.0mm，壳宽 17.0mm。螺层约 15 层，壳顶尖锐。在每一螺层的上部、紧靠缝合线下方，具有 1 条由结节突起连成的强肋。在螺旋部各层上有 3 条，而在体螺层上有 8 条由小颗粒连成的细肋。此外，壳表面还有许多线纹，每一螺层上具有一位置不定的纵肿脉。体螺层的纵肿脉在腹面的左侧。壳表为黄褐色，布有紫色斑、褐色斑点和斑块。壳口呈卵形，倾斜，内面为淡黄色。外唇简单，内唇扩张，紧贴于壳底部。壳轴上有 2 条肋状皱褶。在前沟的外缘部具有 2 个粗大的褶襞。前沟突出，其前端向背方弯曲；后沟呈缺刻状。厣为角质，呈卵圆形，褐色，半透明。核靠近左侧。

【繁殖】 雌雄异体，有性生殖。

【生态生境】 生活于潮间带中低潮区。

【地理分布】 东印度群岛。日本海域。我国南海，台湾海峡南部。

【GenBank】 JF693360

【保护等级】 least concern（无危）

【生态与应用价值】 中华锉棒螺为一类泛珊瑚礁区域的软体动物，多活动于珊瑚礁丰茂的地区，觅食珊瑚礁石上的多种藻类和沉积物，是珊瑚礁生态系统中重要的一类消费者和分解者。中华锉棒螺不仅可以清除珊瑚礁上的藻类以促进珊瑚的生长，还具有较强的环境适应性，可作为人工修复岛礁的优先恢复工程物种。

圆柱蟹守螺
Cerithium columna

蟹守螺科 Cerithiidae
蟹守螺属 *Cerithium*

【**形态特征**】贝壳中型，螺塔很高，螺层数很多，壳厚质，坚固。壳口呈椭圆形，成熟个体外唇肥厚，壳轴滑层发达，前水管明显。口吻粗短，足的两侧具有成排的上足突起。身体的右侧有纤毛沟。圆柱蟹守螺的口盖呈椭圆形，口盖角质。口盖上的生长线是渐进线，逐渐延长。

【**繁殖**】雌雄异体，有性生殖。

【**生态生境**】生活于低潮区沙滩上，杂食性螺类，幼螺分布于离岸较远的滩涂，随生长不断向近岸迁移。可以帮助清理底沙，放入珊瑚缸里会很快开始清理藻类、剩余的食物、腐烂的有机体等。喜欢躲藏在沙子里，这种行为能增加底沙的含氧量。

【**地理分布**】菲律宾海域。我国南海。

【**GenBank**】暂无

【**保护等级**】least concern（无危）

【**生态与应用价值**】圆柱蟹守螺为一类泛珊瑚礁区域的软体动物，多活动于珊瑚礁丰茂的地区，觅食珊瑚礁石上的多种藻类和沉积物，是珊瑚礁生态系统中重要的一类消费者和分解者。圆柱蟹守螺不仅可以清除珊瑚礁上的藻类以促进珊瑚的生长，还具有较强的环境适应性，可作为人工修复岛礁的优先恢复工程物种。

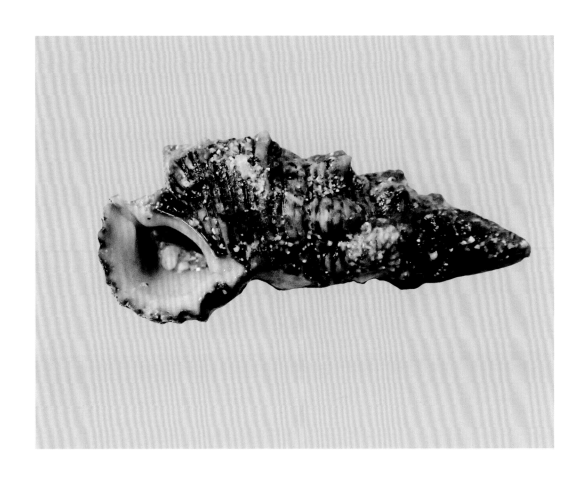

金色嵌线螺
Septa hepaticum

嵌线螺科 Ranellidae
嵌线螺属 *Cymatium*

【形态特征】贝壳呈纺锤形，壳质结实。螺层约9层，缝合线浅。螺层高、宽度增长较慢且均匀。螺旋部呈圆锥状，约为壳高的1/3，体螺层高大。各螺层除壳顶约2层光滑外，其余各层具串珠状组成的螺肋，其螺肋在螺旋部各层为3条，在体螺层约为9条。纵肿肋在各螺层不同的部位出现。壳面的螺肋呈金黄色，肋间呈沟状，为黑褐色（肝脏色）。在纵肿肋上和壳口外缘具白色的斑或色带。壳口呈卵圆形，内为白色，周缘为橘红色。外唇宽厚，其上具白色条斑，内缘具粒状的白齿，齿间常呈橘红色；内唇薄，轴唇具白色肋状的齿列，其间为橘红色。前沟短，呈半管状，向右方扭曲。未见厣。

【繁殖】雌性异体，有性生殖。

【生态生境】热带和亚热带生活的种类。据记载，栖息于潮间带及浅海岩礁间。

【地理分布】我国海南岛，西沙群岛，中沙群岛，南沙群岛，台湾海域。

【GenBank】暂无

【保护等级】least concern（无危）

【生态与应用价值】金色嵌线螺为一类泛珊瑚礁区域的软体动物，多活动于珊瑚礁丰茂的地区，觅食珊瑚礁石上的多种藻类和沉积物，是珊瑚礁生态系统中重要的一类消费者和分解者。金色嵌线螺不仅可以清除珊瑚礁上的藻类以促进珊瑚的生长，还具有较强的环境适应性，可作为人工修复岛礁的优先恢复工程物种。

双壳纲 Bivalvia

帘蛤目 Veneroida

番红砗磲
Tridacna crocea

砗磲科 Tridacnidae
砗磲属 *Tridacna*

【形态特征】番红砗磲又名圆砗磲、红番砗磲、红袍砗磲。它是砗磲中颜色最为鲜艳美丽的，其外套膜极为绚丽多彩，不仅有孔雀蓝、粉红、翠绿、棕红等鲜艳的颜色，而且还常有各色的花纹。它的最大长度为15-20cm，是双壳类中最大的种类，最大的壳长可达1.8m，质量可达500kg。它还是海洋世界中的寿星，寿命可超百岁，据估测，一般壳长1m的个体就已成长百年了。

【繁殖】砗磲是雌雄同体，异体受精，每次能产生上千万的精子和卵子。繁殖期砗磲将卵子和精子排放到水中进行受精。受精卵在变态期建立与虫黄藻的共生关系。

【生态生境】在海里生活的砗磲，当潮水涨满把它淹没时，便张开贝壳，伸出肥厚的外套膜边缘进行活动，靠通过流经体内的海水把食物带进来。但砗磲不光靠这种方式摄食，它们还有在自己的组织里种植食物的本领。它们同一种单细胞藻类——虫黄藻共生，并以这种藻类作为补充食物，特殊情况下，虫黄藻也可以成为砗磲的主要食物。砗磲和虫黄藻有共生关系，这种关系对彼此都有利。虫黄藻可以借砗磲外套膜提供的方便条件，如空间、光线和代谢产物中的磷、氮和二氧化碳，充分进行繁殖；而砗磲则可将虫黄藻作为食物。

【地理分布】印度洋—太平洋热带海域。我国南海珊瑚岛礁。

【GenBank】HM188392

【保护等级】threatened（濒危）

【生态与应用价值】番红砗磲具有重要的造礁功能。同时，其与虫黄藻组成的共生体是珊瑚礁生态系统重要的一类初级生产者，并且其也是珊瑚礁生态系统重要的一类消费者。番红砗磲有着观赏、医用和经济等多种价值，因此被大量的人为捕捞，导致野外数量骤减，所以砗磲是需要重点保护的物种。同时，因砗磲对水体环境敏感度高，所以可作为珊瑚礁生态环境指示物种，在人工修复岛礁的后期恢复投入。

长砗磲
Tridacna maxima

砗磲科 Tridacnidae
砗磲属 *Tridacna*

【形态特征】长砗磲贝壳较小，呈长卵圆形，前端突出，后端短，中部膨大。两壳大小相等，两侧不等，壳顶前方中凹，为长卵形的足丝孔，孔缘有稀疏的齿状突起。壳后背缘斜，腹缘呈弓形弯曲。壳表面为黄白色，具 5-7 条强大的鳞状放射肋，肋间有细肋纹，内面为白色。长砗磲最主要的特征是贝壳的高与宽相比较长，贝壳外面的肋有 5 或 6 条。

【繁殖】砗磲是雌雄同体，异体受精，每次能产生上千万的精子和卵子。繁殖期砗磲将卵子和精子排放到水中进行受精。受精卵在变态期建立与虫黄藻的共生关系。

【生态生境】长砗磲生活在珊瑚礁或海砂表面，以浮游生物、藻类为食。

【地理分布】印度洋的东非海域，红海以东，太平洋的波利尼西亚以西，澳大利亚以北和日本九州海域，纪伊半岛以南的潮间带至浅海珊瑚礁。我国海南岛，西沙群岛，中沙群岛，南沙群岛岛礁浅水海域。

【GenBank】KY769525

【保护等级】threatened（濒危）

【生态与应用价值】长砗磲具有重要的造礁功能。同时，其与虫黄藻组成的共生体是珊瑚礁生态系统重要的一类初级生产者，并且其也是珊瑚礁生态系统重要的一类消费者。长砗磲有着观赏、医用和经济等多种价值，因此被大量地人为捕捞，导致野外数量骤减，所以砗磲是需要重点保护的物种。同时，因为砗磲对水体环境敏感度高，所以可作为珊瑚礁生态环境指示物种，在人工修复岛礁的后期恢复投入。

鳞砗磲
Tridacna squamosa

砗磲科 Tridacnidae
砗磲属 *Tridacna*

【形态特征】 贝壳极厚，呈杯碗形扇状。壳顶后方有一大足丝孔，壳表有 4-12 条肥圆而突出的放射肋，其宽度从壳顶到壳缘迅速膨大。肋上有凹槽状鳞，自上而下逐渐变大。壳缘的形状及肋与其间隔沟槽的轮廓相对应。壳表为白色，常染有橙色及黄色，内面为白色。突起的鳞片是鳞砗磲的标记，壳顶附近常因磨损而使鳞片脱落。后闭壳肌痕呈卵圆形，位于壳中部。外套痕明显，生活时外套膜缘为红褐色。鳞砗磲和其他双壳类一样，也是靠通过流经体内的海水把食物带进来。但其不光靠这种方式摄食，它们还有在自己的组织里种植食物的本领。鳞砗磲和虫黄藻有共生关系，这种关系对彼此都有利。虫黄藻可以借砗磲外套膜提供的方便条件，如空间、光线和代谢产物中的磷、氮和二氧化碳，充分进行繁殖；鳞砗磲则可以将虫黄藻作为食物。鳞砗磲之所以长得如此巨大，就是因为它可以从两方面获得食物。鳞砗磲是双壳类中最大的种类，最大的壳长可达 1.8m，质量可达 500kg。

【繁殖】 砗磲是雌雄同体，异体受精，每次能产生上千万的精子和卵子。繁殖期砗磲将卵子和精子排放到水中进行受精。受精卵在变态期建立与虫黄藻的共生关系。

【生态生境】 珊瑚礁栖生物，常生活在潮间带珊瑚礁间。

【地理分布】 马来西亚，新加坡，印度尼西亚海域。我国南海珊瑚岛礁，台湾海域。

【GenBank】 KY769523

【保护等级】 threatened（濒危）

【生态与应用价值】 鳞砗磲具有重要的造礁功能。同时，其与虫黄藻组成的共生体是珊瑚礁生态系统重要的一类初级生产者，并且其也是珊瑚礁生态系统重要的一类消费者。鳞砗磲有着观赏、医用和经济等多种价值，因此被大量地人为捕捞，导致野外数量骤减，所以砗磲是需要重点保护的物种。同时，因砗磲对水体环境敏感度高，所以可作为珊瑚礁生态环境指示物种，在人工修复岛礁的后期恢复投入。

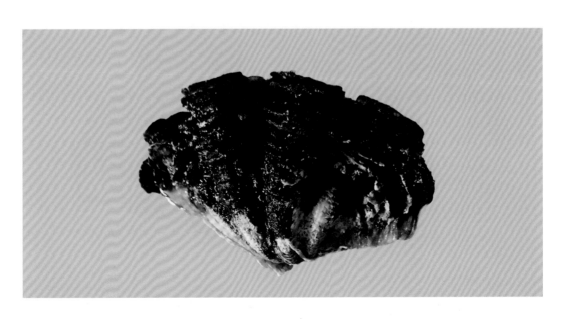

贻贝目 Mytioida

光石蛏
Lithophaga teres

贻贝科 Mytilidae
石蛏属 *Lithophaga*

【形态特征】贝壳等大，壳顶在前方，没有明显的雕刻，壳皮明显，某些种类为毛状，壳内面有强烈的珍珠光泽。铰齿缺乏，后闭壳肌痕呈"C"状，没有水管，以足丝附着于底质，有时可钻孔。光石蛏的壳如长卵形，背侧呈圆筒形，而腹侧相当圆弧形，前端略平直而后端稍拱起。壳表为黄褐色或黑褐色，壳上有明显的同心圆弧成长轮。自壳顶后侧向腹侧可以将壳分为前背区及后腹区，前背区的壳面呈网状纹，而后腹区只有成长轮。壳内面为白色，铰齿细小不明显。

【繁殖】雌性同体，繁殖季节将卵子和精子排出体外，海水中受精发育。

【生态生境】在珊瑚礁或岩礁钻孔穴居其中，分布于潮间带至20m深的岩礁中。

【地理分布】印度洋—太平洋热带海域。我国南海珊瑚岛礁。

【GenBank】KY081335

【保护等级】无记录

【生态与应用价值】光石蛏为一类泛珊瑚礁区域的软体动物，多活动于珊瑚礁丰茂的地区，是珊瑚礁生态系统中重要的一类消费者。光石蛏具有较高食用经济价值，但由于需要敲破珊瑚礁才能获得，这样既破坏珊瑚礁环境，也有使光石蛏灭绝的压力，所以是需要监督和保护的物种。

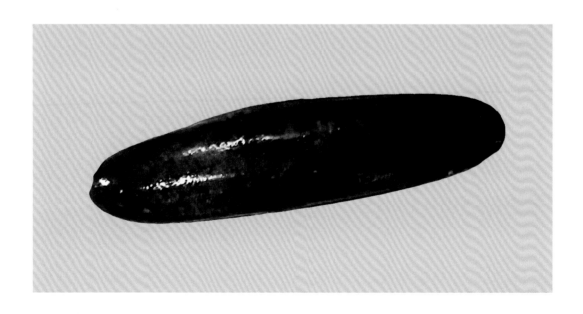

（二）节肢动物门

甲壳类 crustacean 是节肢动物门中适应水中生活的主要大型生物类群，因身体外披有"盔甲"而得名，几丁质外骨骼一般被碳酸钙硬化。绝大多数种类用鳃获取氧气。附肢特化，适应于游泳、爬行、贴附其他动物、交配和摄食。目前已知甲壳类超过 6.8 万种，体型大小差异较大。常见的大型甲壳类主要包括常见的虾、蟹、龙虾、寄居蟹、藤壶等。甲壳类发育存在明显的变态过程，受精卵首先发育为浮游幼虫，经历一系列的蜕皮过程后，逐渐生长出更多的附肢，最终变态为成体。南海海域甲壳类类资源非常丰富，而超过 30% 的虾蟹种类都在西沙群岛、南沙群岛等岛礁海域分布。

甲壳类生物在珊瑚礁海洋生态系统中具有非常重要的生态功能。很多虾蟹类和寄居蟹是碎屑食性生物，在珊瑚礁生态系统中扮演分解者的角色，对于维持生态系统能量流动和物质循环发挥着关键作用。龙虾、大型蟹类等是珊瑚礁生态系统中重要的消费者，也是大型肉食动物的重要饵料，对于维持岛礁生态系统稳定具有重要意义。例如，隆背瓢蟹喜食底栖藻类和生物碎屑，有助于扩展造礁珊瑚提供生长空间。更重要的是，一些甲壳类生物与珊瑚、碎砾等关键造礁生物形成了紧密的共生关系，帮助造礁生物抵御捕食者或其他竞争生物，是造礁生物健康生长不可或缺的条件，例如红斑梯形蟹与杯型珊瑚互利共生，能够抵御长棘海星捕食珊瑚，是杯型珊瑚珊瑚健康生长的必要条件。总之，甲壳类生物在珊瑚礁生态系统中具有重要的生态功能，有助于维持珊瑚礁生态系统的稳定，促进岛礁生态系统的正向演替。因此，控制甲壳类生物的物种组成和丰度，是促进珊瑚礁生态系统的快速恢复的重要手段。

（二）节肢动物门 Arthropoda

软甲纲 Malacostraca

十足目 Decapoda

南极岩扇虾
Parribacus antarcticus

蝉虾科 Scyllaridae
岩扇虾属 *Parribacus*

【形态特征】身长 10-20cm。身被坚硬甲壳，表面布满颗粒和短毛，身体扁平，形状像把扇子，其拟态的深褐色很像穿旧了的草鞋，闽台地区也称之为"草鞋扇虾"。额角呈小五角状，有 5 对脚，无钳；指节呈钩爪状，与其捕食附着在岩石上的腹足螺类有关；体侧边有锯齿，腹部短小、分节；尾呈瓣状；运动器官不发达，只能在海底缓慢爬行。

【繁殖】雌雄异体，有性生殖。

【生态生境】主要栖息于珊瑚礁或深海岩礁，常独居或集小群活动。

【地理分布】印度洋—西太平洋热带、亚热带海域。我国东海，南海。

【GenBank】AF508159

【保护等级】least concern（无危）

【生态与应用价值】南极岩扇虾为一类泛珊瑚礁区域的节肢动物，多活动于珊瑚礁地区，觅食珊瑚礁石上的多种藻类和沉积物，是珊瑚礁生态系统中重要的一类消费者和分解者。

杂色龙虾
Panulirus versicolor

龙虾科 Palinuridae
龙虾属 *Panulirus*

【形态特征】头胸甲略呈圆筒状，前缘除眼上角外，具有4枚距离相若的大刺，眼上角超过3倍眼高，角间无棘刺，前额板仅具2对分离的主刺，腹部大致平滑，但第2及第3腹节背甲各侧具一浅且宽的下陷软毛区。体表呈蓝色或绿色，第1触角柄为蓝色并有白斑纹，第2触角鞭为白色，步足为蓝色具有明显的白色条纹。各腹节后缘具1条蓝边的横白线，尾扇未钙化部分为蓝色和绿色。

【繁殖】雌雄异体，雄性会在雌性蜕壳后与雌性进行交配。

【生态生境】秋冬水冷时，移栖深海，春夏水暖时，会向浅海移动，属夜行性生物，常居住于岩礁缝间的洞穴之中。

【地理分布】印度洋—西太平洋热带、亚热带海域。自非洲东岸至日本和澳大利亚海域及波利尼西亚。我国南海。

【GenBank】AF508175

【保护等级】least concern（无危）

【生态与应用价值】杂色龙虾为一类泛珊瑚礁区域的节肢动物，多活动于珊瑚礁地区，觅食珊瑚礁石上的多种藻类和沉积物，是珊瑚礁生态系统中重要的一类消费者和分解者。

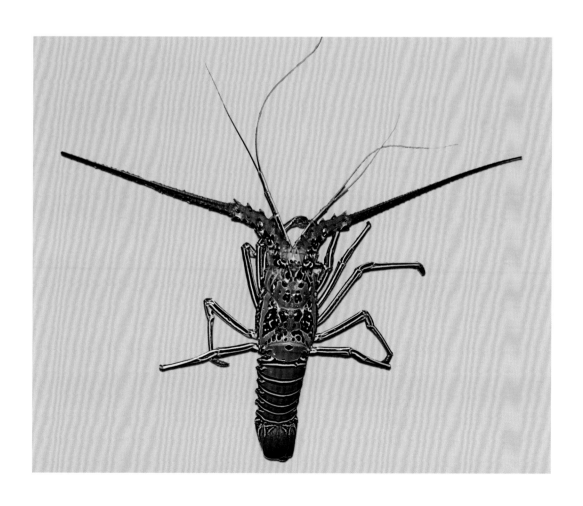

尖指蟹
Caphyra sp.

梭子蟹科 Portunidae
尖指蟹属 *Caphyra*

【形态特征】头胸部的背面覆以头胸甲，形状因种而异。额部中央具第 1、2 对触角，外侧是有柄的复眼。口器包括 1 对大颚、2 对小颚和 3 对颚足。头胸甲两侧有 5 对胸足。腹部退化，扁平，曲折在头胸部的腹面。雄性腹部窄长，多呈三角形，只有前 2 对附肢变形为交接器；雌性腹部宽阔，第 2-5 节各具 1 对双枝型附肢，密布刚毛，用以抱卵。

【繁殖】雌雄异体，雄性会在雌性蜕壳后与雌性进行交配。

【生态生境】生活环境为海水，主要栖息于沿岸带珊瑚礁浅海中，与梅花参和绿刺参共生。

【地理分布】红海。越南，日本，美国夏威夷，马达加斯加等海域。我国西沙群岛。

【GenBank】KT365531

【保护等级】least concern（无危）

【生态与应用价值】尖指蟹为一类泛珊瑚礁区域的节肢动物，多活动于珊瑚礁地区，觅食珊瑚礁石上的多种藻类和沉积物，是珊瑚礁生态系统中重要的一类消费者和分解者。

小疣圆瘤蟹
Phymodius granulosus

扇蟹科 Xanthidae
圆瘤蟹属 *Phymodius*

【**形态特征**】头胸甲各小区表面具尖锐颗粒。前侧缘具 4 锐齿，末端稍弯曲向前。额缘中部具 1 "V" 型缺刻，分 4 叶，前缘钝锯齿形，侧叶钝齿形。眼窝区隆起，背眼窝缘具 2 缝，腹眼窝缘钝锯齿形。第 2 触角基节长，表面具颗粒，与额部相接触，触角鞭位于眼窝内。第 3 颚足长节外末角突出。

【**繁殖**】雌雄异体，雄性会在雌性蜕壳后与雌性进行交配。

【**生态生境**】生活环境为海水，主要栖息于近沿岸带珊瑚礁丛中。

【**地理分布**】印度尼西亚海域。我国海南岛，西沙群岛等海域。

【**GenBank**】暂无

【**保护等级**】least concern（无危）

【**生态与应用价值**】小疣圆瘤蟹为一类泛珊瑚礁区域的节肢动物，多活动于珊瑚礁地区，觅食珊瑚礁石上的多种藻类和沉积物，是珊瑚礁生态系统中重要的一类消费者和分解者。

齿形滑面蟹
Etisus dentatus

扇蟹科 Xanthidae
滑面蟹属 *Etisus*

【形态特征】头胸甲呈椭圆形，宽约为长的1.5倍，表面光滑，隆起，具小点，胃、心区具1明显的"H"形沟。额稍突出，中部具1裂缝，分为2叶。第2触角基节表面具小颗粒，外末角位于眼窝缝中。第3颚足长节前缘向后侧倾斜。螯足等称，粗壮。步足粗短。腹部长条形，第6节矩形，长宽相接近，且明显长于末节，尾节钝三角形，宽大于长。

【繁殖】雌雄异体，雄性会在雌性蜕壳后与雌性进行交配。

【生态生境】生活环境为海水，主要栖息于近沿岸带珊瑚礁浅海或岩质海底中。

【地理分布】红海。马达加斯加，越南，日本及美国夏威夷等海域。我国中沙群岛。

【GenBank】HM750976

【保护等级】least concern（无危）

【生态与应用价值】齿形滑面蟹为一类泛珊瑚礁区域的节肢动物，多活动于珊瑚礁地区，觅食珊瑚礁石上的多种藻类和沉积物，是珊瑚礁生态系统中重要的一类消费者和分解者。

隆背瓢蟹
Carpilius convexus

瓢蟹科 Carpiliidae
瓢蟹属 *Carpilius*

【形态特征】头胸甲呈卵圆形，前部 2/3 呈半圆形，后部 1/3 趋窄，前后侧缘之间各有一钝齿。表面较为平滑，分区不明。额宽，中部突出并向前下方弯曲，但其前缘从背面看几乎平直。眼窝背缘较厚且略为隆起，缓缓向后侧方倾斜，前侧缘呈圆弧形，后侧缘向内后方倾斜，后缘与额缘几乎等宽且平直。螯足强大，左右不对称，腕节的内末角钝，大螯掌节高大，两指内缘近基部处具一钝齿，步足光滑，各节的前缘锋锐。全身背面为均匀暗橙红色，或杂有红棕色及白色斑纹，腹面为鹅黄色。甲宽小于 10cm，含有弱至中度的麻痹性贝毒，被列为毒蟹之一，不可食用。

【繁殖】隆背瓢蟹雌雄异体，雄性会在雌性蜕壳后与雌性进行交配。

【生态生境】生活环境为海水，主要栖息于近沿岸带珊瑚礁浅海或岩石沿岸中。

【地理分布】日本海域。我国浙江，福建，广东等海域。

【GenBank】HM638025

【保护等级】least concern（无危）

【生态与应用价值】隆背瓢蟹为一类泛珊瑚礁区域的节肢动物，多活动于珊瑚礁地区，觅食珊瑚礁石上的多种藻类和沉积物，是珊瑚礁生态系统中重要的一类消费者和分解者。

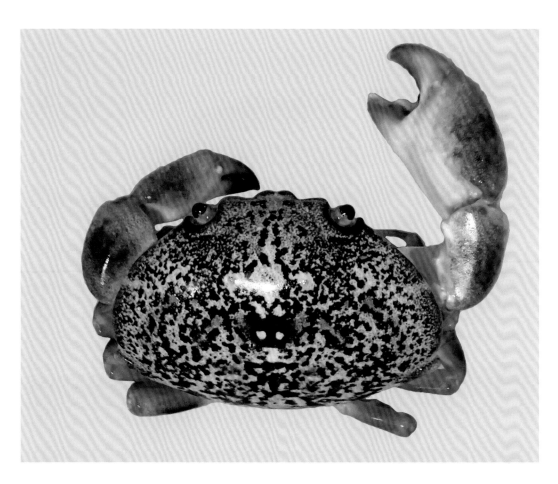

红斑梯形蟹
Trapezia rufopunctata

梯形蟹科 Trapeziidae
梯形蟹属 *Trapezia*

【形态特征】头胸甲一般宽大于长，略呈扇形，有时近六角形或圆方形。额宽而短。第1触角横褶或斜褶，第2触角鞭细且短。口框的前缘发达，不被第3颚足所掩盖。螯足折于头胸甲前下方，内骨骼高度发展。头胸甲光滑不分区，与螯足、步足同布满鲜红色大斑点，胸板斑点较疏。额突出，明显分成四叶，两侧叶较中央两叶宽大。螯足稍不对称，腕节内末角具一锐齿，掌节背缘圆钝，腹缘呈颗粒锯齿。步足略呈圆柱形，腕节背缘及前节、指节具刚毛。

【繁殖】红斑梯形蟹在珊瑚中雌雄成对存在，雄性会在雌性蜕壳后进行交配，终年均有发现雌性抱卵。

【生态生境】生活环境为海水，主要栖息于近沿岸带珊瑚礁浅海中，与分枝状造礁珊瑚共栖。

【地理分布】斯里兰卡，日本及美国夏威夷等海域。我国西沙群岛。

【GenBank】GQ260918

【保护等级】least concern（无危）

【生态与应用价值】红斑梯形蟹为一类泛珊瑚礁区域的节肢动物，多活动于珊瑚礁地区，与分枝状造礁珊瑚共栖，觅食珊瑚礁石上的多种藻类和沉积物，抵御珊瑚捕食者对珊瑚的捕食，是珊瑚礁生态系统中重要的一类消费者和分解者，也是一类重要的护礁生物。

广阔疣菱蟹
Daira perlata

疣菱蟹科 Dairidae
疣菱蟹属 *Daira*

【形态特征】头胸甲呈横椭圆形，背面隆起，与螯足表面同样具大小疣突，前者的疣突大多圆凸，后者的疣突位于掌部与指节背面的尖锐居多，各疣突表面光滑，基部同缘具凹痕或细凹点。螯足不等大，两指内缘外侧锋锐，内侧具成簇刚毛，末端呈凹匙形。整体背面以淡咖啡色居多，小面积有不规则分布的深褐色块斑。

【繁殖】广阔疣菱蟹雌雄异体，雄性会在雌性蜕壳后与雌性进行交配。

【生态生境】栖息于潮间带、珊瑚礁浅水域，穴居生活，常躲于礁石缝中。

【地理分布】印度洋至红海、东非海域。日本及美国夏威夷等海域。我国海南岛、西沙群岛。

【GenBank】HM638029

【保护等级】least concern（无危）

【生态与应用价值】广阔疣菱蟹为一类泛珊瑚礁区域的节肢动物，多活动于珊瑚礁地区，觅食珊瑚礁石上的多种藻类和沉积物，是珊瑚礁生态系统中重要的一类消费者和分解者。

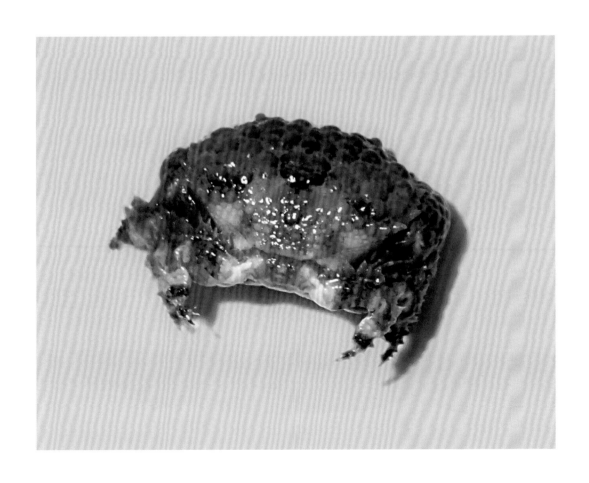

红斑瓢蟹
Carpilius maculatus

瓢蟹科 Carpiliidae
瓢蟹属 *Carpilius*

【形态特征】头胸甲背部隆起，表面光滑，肝、鳃区及额区均有微细的网状皱纹。前侧缘大于后侧缘，前后两侧缘相接处具一钝齿。额部中间有一叶状突出，前缘凹陷。眼窝小，外眼窝齿钝圆，内眼窝齿较额叶大，斜向前侧方，两内眼窝齿之间的距离约为头胸甲宽的1/3。眼窝外缘、前侧缘的前部及后侧缘的后部各具1个近圆形红斑，侧胃区各具1个较小的圆形红斑，中胃区的3个圆形红斑较大，肠区两侧也各有1个，心区具一")("形浅沟。螯足不对称，表面光滑，具微细凹点，掌节肿胀，大螯两指的内缘各具一大钝齿，小螯两指内绿的齿不明显。步足近圆柱形，光滑，仅具微细凹点，各指节均甚长，指尖呈深褐色。头胸甲长 90mm，宽 122mm。

【繁殖】雌雄异体，雄性会在雌性蜕壳后与雌性进行交配。

【生态生境】生活环境为海水，常栖息于岩石岸或珊瑚礁的浅水中。

【地理分布】印度洋至红海，非洲东岸。日本，澳大利亚及美国夏威夷等海域。我国海南岛，西沙群岛，台湾岛海域。

【GenBank】HM638026

【保护等级】least concern（无危）

【生态与应用价值】红斑瓢蟹为一类泛珊瑚礁区域的节肢动物，多活动于珊瑚礁地区，觅食珊瑚礁石上的多种藻类和沉积物，是珊瑚礁生态系统中重要的一类消费者和分解者。红斑瓢蟹具有一定毒性，曾多次出现食用后中毒身亡事件。

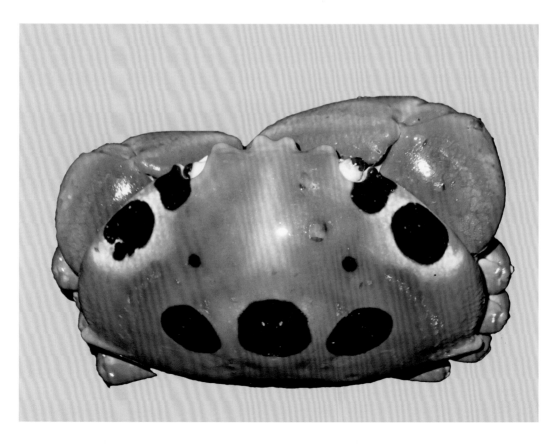

糙壳蚀菱蟹
Daldorfia horrida

菱蟹科 Parthenopidae
蚀菱蟹属 *Daldorfia*

【形态特征】头胸甲呈宽菱形，表面粗糙，各区隆起处均具有圆钝的突起及分沟区中具腐蚀性空斑。胃、心区和心肠区之间的两侧各具 1 较深的凹陷。额角钝而厚，背面前方具疣突，后方具 1 深窝，腹面前端具 1 齿突。眼窝小而圆，眼柄粗短，背缘具 1 细沟。肝区侧缘突出呈三角形，鳃区侧缘具 7 齿，末齿大，前、后缘均具突起，其表面具粗颗粒。第 3 颚足坐节表面具疣突 2 枚。螯足粗壮，不等称，长节背面具刺状突起，掌节内侧面具 3 个较大的锥形突起，其余突起较为平钝。

【繁殖】雌雄异体，雄性会在雌性蜕壳后与雌性进行交配。

【生态生境】生活环境为海水，生活于潮间带至 125m 深的岩石底、泥沙或具贝壳的海底及珊瑚礁浅水中。

【地理分布】非洲东岸，红海，新喀里多尼亚。印度，斯里兰卡，泰国，日本，菲律宾，澳大利亚等海域。我国海南岛，西沙群岛，台湾海域。

【GenBank】HM638031

【保护等级】least concern（无危）

【生态与应用价值】糙壳蚀菱蟹为一类泛珊瑚礁区域的节肢动物，多活动于珊瑚礁地区，觅食珊瑚礁石上的多种藻类和沉积物，是珊瑚礁生态系统中重要的一类消费者和分解者。

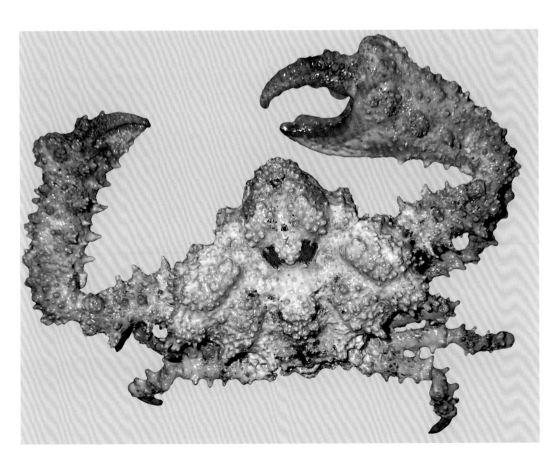

短脊鼓虾
Alpheus brevicristatus

鼓虾科 Alpheidae
鼓虾属 *Alpheus*

【形态特征】额角较短，仅伸达第1触角柄第1节的中部；额角后脊仅伸至眼柄基部。尾节宽而短，背面中央纵沟较宽深，沟之前部有短毛。眼完全被头胸甲所覆盖。第1触角柄第2节较长，柄刺较宽而短。第1步足的大螯较前种稍窄而长，钳长约为掌宽的3倍，可动指稍短于掌部，掌部外缘近可动指处有一横沟，但无缺刻，内缘完整无沟，背腹面皆无粒状突起；小螯细长，其长为掌宽的4或4.5倍，指长为掌部的2.5-3倍，约为掌宽的3倍，两指内缘具稀疏的毛，小螯的背腹两面无小粒状突起，但有较稀疏的短毛。第2步足似前种，腕节由5小节构成，但近基部的小节较其前面一小节为长。

【繁殖】配对现象发生，即不论是否在生殖季节，体长相近的1对雌雄短脊鼓虾会长期躲在同一洞穴内。繁殖季节为2-8月，早期抱卵的雌虾均较后期大。8月之后，稚虾大量出现。

【生态生境】生活环境为海水，生活于海底及珊瑚礁浅水中。日夜均保持高频率静止状态，夜间游泳、打斗活动频率增加，为夜行性动物。

【地理分布】印度洋—西太平洋热带、亚热带浅海海域。韩国，日本等海域。我国海域。

【GenBank】FJ796193

【保护等级】least concern（无危）

【生态与应用价值】短脊鼓虾为一类泛珊瑚礁区域的小型节肢动物，多活动于珊瑚礁底地区，觅食珊瑚礁石上的多种藻类和沉积物，是珊瑚礁生态系统中重要的一类消费者和分解者。

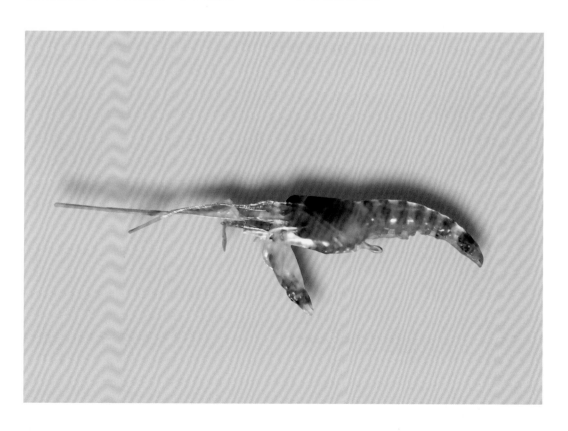

叶齿鼓虾
Alpheus lobidens

鼓虾科 Alpheidae
鼓虾属 *Alpheus*

【形态特征】额角较短，仅伸达第 1 触角柄第 1 节的中部；额角后脊仅伸至眼柄基部。尾节宽而短，背面中央纵沟较宽深，沟之前部有短毛。眼完全被头胸甲所覆盖。第 1 触角柄第 2 节较长，柄刺较宽而短。身体呈绿色且透明。螯足左右不对称。

【繁殖】雌雄成对存在，即不论是否在生殖季节，体长相近的 1 对雌雄叶齿鼓虾会长期躲在同一洞穴内。繁殖季节为 2-8 月，早期抱卵的雌虾均较后期大。8 月之后，稚虾大量出现。

【生态生境】生活环境为海水，生活于热带和亚热带浅海海底及珊瑚礁浅水中。日夜均保持高频率静止状态，夜间游泳、打斗活动频率增加，为夜行性动物。

【地理分布】印度洋—西太平洋海域。韩国，日本等海域。我国海域。

【GenBank】KP759369

【保护等级】least concern（无危）

【生态与应用价值】叶齿鼓虾为一类泛珊瑚礁区域的小型节肢动物，多活动于珊瑚礁底地区，觅食珊瑚礁石上的多种藻类和沉积物，是珊瑚礁生态系统中重要的一类消费者和分解者。

珊瑚鼓虾
Alpheus lottini

鼓虾科 Alpheidae
鼓虾属 *Alpheus*

【形态特征】 额角较短，仅伸达第 1 触角柄第 1 节的中部；额角后脊仅伸至眼柄基部。尾节宽而短，背面中央纵沟较宽深，沟之前部有短毛。眼完全被头胸甲所覆盖。第 1 触角柄第 2 节较长，柄刺较宽而短。眼完全被头胸甲覆盖。第一对步足特别强大，钳状，左右不对称，雄性较雌性强大。身体呈透明的红色，头胸甲中部具 1 黑色条带。螯足左右不对称，且背缘具红色斑点。

【繁殖】 雌雄成对存在，即不论是否在生殖季节，体长相近的 1 对雌雄珊瑚鼓虾会长期生活在同一株珊瑚中。繁殖季节为 2-8 月，早期抱卵的雌虾均较后期大。8 月之后，稚虾大量出现。

【生态生境】 生活环境为海水，生活于热带和亚热带浅海海底及珊瑚礁浅水中。日夜均保持高频率静止状态，夜间游泳、打斗活动频率增加，为夜行性动物。

【地理分布】 印度洋—西太平洋。韩国，日本等海域。我国海域。

【GenBank】 AF107058

【保护等级】 least concern（无危）

【生态与应用价值】 珊瑚鼓虾为一类泛珊瑚礁区域的小型节肢动物，与珊瑚为互利共生关系，多活动于珊瑚礁底地区，觅食珊瑚礁石上的多种藻类和沉积物，并保护珊瑚不受珊瑚捕食者的捕食，是珊瑚礁生态系统中重要的一类消费者和分解者，也是一类重要的护礁生物。

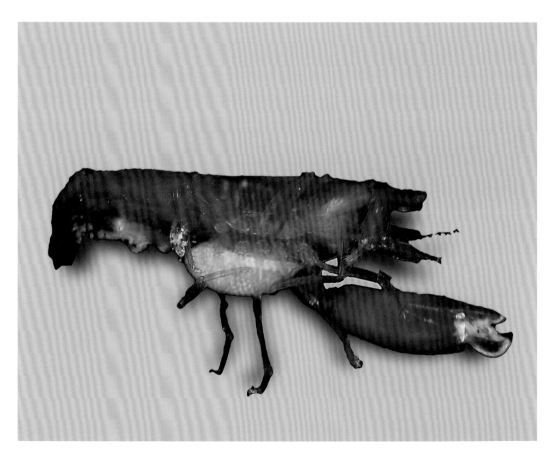

米尔斯贝隐虾
Anchistus miersi

长臂虾科 Palaemonidae
贝隐虾属 *Anchistus*

【形态特征】额角伸过眼，侧扁，背齿分布于端部中央或无，侧脊不扩展。头胸甲呈圆柱形，无侧脊，无侧纵缝。第5腹节侧甲边缘圆，不形成尖的突出；尾节不腹向弯曲，具正常的3对后缘刺；口上唇不形成成对的角状突起；第2触角鳞片发达，端侧刺不伸到鳞片的端缘；大颚无大颚须；第3颚足具外肢。第1步足腕节不分亚节；第2步足对称或相似，螯远长于腕节，可动指侧向，形状正常非半圆形，不动指指无对应的凹陷，掌部长于其直径的1.5倍；第3步足7节，长节折叠缘无刺，指节折叠缘有时具齿，外缘常具密的细刺，有时呈双爪状，但从不呈粗壮的钩形或具三角形的突起；尾肢外肢具单一可动的侧刺。

【繁殖】繁殖方式尚不明确。

【生态生境】生活于双壳类软体动物的外套腔中。

【地理分布】红海，非洲东部沿岸—菲律宾海域，印度尼西亚—土阿莫土群岛。我国南沙群岛。

【GenBank】JX185707

【保护等级】least concern（无危）

【生态与应用价值】米尔斯贝隐虾为一类泛珊瑚礁区域的小型节肢动物，多活动于珊瑚礁底地区，生活于双壳类软体动物的外套腔中，觅食珊瑚礁石上的多种藻类和沉积物，是珊瑚礁生态系统中重要的一类消费者和分解者。

沟纹纤毛寄居蟹
Ciliopagurus strigatus

活额寄居蟹科 Diogenidae
纤毛寄居蟹属 *Ciliopagurus*

【形态特征】楯部长略大于宽；额角呈圆形，和侧突等长。眼柄短于或几乎等于楯部；角膜和基部微膨胀，角膜较小，约为眼柄长度的 1/8；眼鳞呈三角形，顶端接多裂具 1 或 2 个刺。第 1 触角柄未达或稍超过角膜基部，第 2 触角柄超过眼柄长度的一半；第 2 触角鳞片超出第 2 触角柄第 5 节基部，顶端具 2 个刺，外侧缘和内侧缘具小刺；第 2 触角柄第 4 节外侧缘末端具 1 刺。左右螯肢几乎相等；可动指和不动指内侧缘具大齿，两指尖为黑色角质匙状；可动指外侧面具不完整的短横纹；不动指的短横纹与可动指相同；掌部外侧面具 4 条完整的横纹，靠近腕节末端的第 5 条横纹被遮蔽；腕节具 3 条规则的横纹，中间 1 条被打断；长节外侧面具多条不规则的横纹，腹面无显著的末端突起；所有的横纹光滑，末缘具稠密的刷状细刚毛，偶尔具小刺；两节交接处的刚毛长。发声器位于螯足可动指腹面和掌部近可动指一侧的腹面，主要由约 15 个等距平行的角质脊组成，其他平行的脊扩张到中间面；可动指具 2 组脊且相隔较远。左第 3 步足指节略长于掌节；指节无条带，具刚毛丛；掌节具 6 或 7 条横纹，有的不完整，背缘具刺，末缘刚毛更稠密；腕节具 3 条长的和数条短的横纹，末缘刚毛稠密，背缘具小刺；长节的横纹更多；所有横纹末缘具稠密的刷状短刚毛。尾节中缝大，左右后叶几乎相等，末缘为圆形，无刺。

【繁殖】交配时雄性会将精囊存于雌性身上，雌性在产卵时会顺便让卵受精。每次产卵约 1 万 -5 万颗卵。雌性会用泳肢将受精卵抱在腹部孵育一段时间。卵发育到一定程度之后雌性会将卵排放，让卵随波浪进入海中孵化。

【生态生境】栖息于沙石底或珊瑚礁等地的狭口螺内，多寄居于芋螺内。杂食性。

【地理分布】东印度洋。新喀里多尼亚。越南，日本，菲律宾，印度尼西亚，澳大利亚海域。我国南海，台湾海域。

【GenBank】EF683559

【保护等级】least concern（无危）

【生态与应用价值】沟纹纤毛寄居蟹为一类泛珊瑚礁区域的节肢动物，多活动于珊瑚礁丰茂的地区，觅食珊瑚礁石上的多种藻类和沉积物，是珊瑚礁生态系统中重要的一类消费者和分解者。

红指壳寄居蟹
Calcinus minutus

活额寄居蟹科 Diogenidae
硬壳寄居蟹属 *Calcinus*

【**形态特征**】微小硬壳寄居蟹在台湾最早是游祥平（1987）在屏东南湾记录的种类。数量不多，发现于浅亚潮带的珊瑚丛枝间，常可同时发现隐白硬壳寄居蟹、莫氏硬壳寄居蟹、关岛硬壳寄居蟹、瓦氏硬壳寄居蟹，所居住的贝壳表面常有紫红色的珊瑚藻覆盖着，有时藻类长得过厚甚至无法分辨出贝壳的形状，且该贝壳与周遭环境的颜色非常相近，可以为寄居蟹提供良好的隐蔽所。全身为乳白色，缀有橘红色凹点。眼柄为淡粉红，角膜部分黑底缀有白点。第 2 触角鞭为透明淡棕色，第 1 触角鞭为棕色。左螯稍大于右螯。第 2、3 胸足指节和前节远端呈红色。

【**繁殖**】交配时雄性会将精囊存于雌性身上，雌性在产卵时会顺便让卵受精。每次产卵约 1 万 -5 万颗卵。雌性会用泳肢将受精卵抱在腹部孵育一段时间。卵发育到一定程度之后雌性会将卵排放，让卵随波浪进入海中孵化。

【**生态生境**】多生活于珊瑚礁、潮间带。

【**地理分布**】科科斯基林群岛，圣诞岛，帕劳群岛。日本南部，马来西亚，越南，印度尼西亚，新几内亚，澳大利亚北部海域。我国台湾海域。

【**GenBank**】FJ620303

【**保护等级**】least concern（无危）

【**生态与应用价值**】红指硬壳寄居蟹为一类泛珊瑚礁区域的节肢动物，多活动于珊瑚礁丰茂的地区，觅食珊瑚礁石上的多种藻类和沉积物，是珊瑚礁生态系统中重要的一类消费者和分解者。

莫氏硬壳寄居蟹
Calcinus morgani

活额寄居蟹科 Diogenidae
硬壳寄居蟹属 *Calcinus*

【形态特征】楯部长大于宽，近矩形。额角呈三角形，侧突退化，不明显。眼柄长，几乎和楯部等长；基部膨胀，角膜不膨胀，约为眼柄长度的1/8；眼鳞小，近三角形，仅末端具1个刺。第1触角柄未达角膜基部，达眼柄长度的3/4处，第2触角柄约等长于第1触角柄；第2触角鳞片较大，超过了第2触角柄第5节基部，顶端单刺或二分裂，侧缘多刺。左螯大于右螯；两指闭拢时具宽缝，内侧缘具圆齿；可动指、不动指和掌部外侧面具紧密排列的小突起，靠近末端的较大；腕节末端具1行小突起，外侧面密布突起；长节腹缘末端具3个刺。右螯可动指背缘具1行7个突起，外侧面具1行突起；掌部背缘通常光滑，偶尔具1行小突起；腕节背缘末端具1个大刺。步足指节短于掌节；指节腹缘和掌节腹缘末端具稠密的刷状长刚毛；指尖为黑色角质大刺，腹缘具一行小刺，外侧面具1行刚毛丛；腕节背缘末端具1个大刺。尾节中缝小，左后叶大于右后叶，末缘均具小刺和长刚毛。

【繁殖】交配时雄性会将精囊存于雌性身上，雌性在产卵时会让卵受精。每次产卵约1万-5万颗卵。雌性会用泳肢将受精卵抱在腹部孵育一段时间。卵发育到一定程度之后雌性会将卵排放，让卵随波浪进入海中孵化。

【生态生境】生活于珊瑚，沙质和岩石底质，潮间带至潮下带浅水。

【地理分布】南非海域，新喀里多尼亚，马里亚纳群岛。索马里，马达加斯加，越南，马来西亚，印度尼西亚，日本南部，新几内亚，澳大利亚，瓦努阿图海域。我国南海，台湾海域。

【GenBank】FJ620277

【保护等级】least concern（无危）

【生态与应用价值】莫氏硬壳寄居蟹为一类泛珊瑚礁区域的节肢动物，多活动于珊瑚礁丰茂的地区，觅食珊瑚礁石上的多种藻类和沉积物，是珊瑚礁生态系统中重要的一类消费者和分解者。

兔足真寄居蟹
Dardanus lagopodes

活额寄居蟹科 Diogenidae
真寄居蟹属 *Dardanus*

【形态特征】楯部稍扁平，长大于宽。额角宽圆，略短于侧突。眼柄近圆柱体，长于楯部；角膜明显膨胀，不超过眼柄的1/5；眼鳞近方形，末缘多刺。第1触角柄达角膜基部，第2触角柄短于第1触角柄；第2触角鳞片宽，达第2触角柄第5节基部。左螯大于右螯，两指闭拢时紧密，内侧缘呈圆齿状；可动指背缘具成行7-10个刺，外侧面具1行平行于背缘的尖刺，散布小刺；掌部背缘具1行6-8个尖锐的大刺，不动指和掌部外侧面均具成行的尖刺，未被长刚毛遮蔽，腹缘具尖锐的小刺，刺的基部具刚毛；腕节背缘具4-6个刺，近末端的刺大，外侧面散布小刺；长节腹缘呈锯齿状，外侧面近背缘处具1行小刺。左第3步足的指节略长于掌节，指尖为黑色角质刺，背腹缘末扁平，背缘仅具数个小刺，腹缘具8-10个黑尖大刺，且具稀疏长刚毛，外侧面中间具纵沟，两侧具纵行角质尖大刺或刺状突起；掌节背缘和腹缘均具角质尖刺或突起，外侧面稍微内凹，中间具1浅沟和纵向成行的长硬刚毛，浅沟两侧散布角质刺；腕节背缘末端具2个刺状大突起，腹缘具角质尖刺。尾节中缝深，左右后叶不对称，左后叶长于右后叶，后叶末缘均具成行的指向腹面的角质尖刺，右后叶的刺较小。

【繁殖】交配时雄性会将精囊存于雌性身上，雌性在产卵时会顺便让卵受精。每次产卵约1万-5万颗卵。雌性会用泳肢将受精卵抱在腹部孵育一段时间。卵发育到一定程度之后雌性会将卵排放，让卵随波浪进入海中孵化。

【生态生境】生活于岩岸、潮间带至潮下带的硬质底质及珊瑚礁区。生活水深为0-20m。

【地理分布】东非海域，红海，新喀里多尼亚，法属波利尼西亚。马达加斯加，肯尼亚，索马里，坦桑尼亚，莫桑比克，塞舌尔，毛里求斯，印度南部，新几内亚，越南，马来西亚，日本，菲律宾，澳大利亚，萨摩亚海域。我国南海，台湾海域。

【GenBank】LN908195

【保护等级】least concern（无危）

【生态与应用价值】兔足真寄居蟹为一类泛珊瑚礁区域的节肢动物，多活动于珊瑚礁丰茂的地区，觅食珊瑚礁石上的多种藻类和沉积物，是珊瑚礁生态系统中重要的一类消费者和分解者。

灰白陆寄居蟹
Coenobita rugosus

陆寄居蟹科 Coenobitidae
陆寄居蟹属 *Coenobita*

【形态特征】楯部长大于宽，额角不明显，低于侧突，侧突尖锐。眼柄内侧扁平，超过了第1触角柄第2节中部。眼鳞狭窄，呈三角形，顶端尖锐。第2触角鳞片与第2触角第2节融合。左螯大于右螯，2只螯的上缘都有刷状的刚毛，左螯的背部上方长有4-8个强大的发声脊，腹部中间表面有强大的横脊。左边第3步足掌节和指节背面平，并被明显的脊分开，左边第2步足和第3步足的指节腹部表面具有横纹的脊。雄性第5步足的底节不对称，在底节的顶部生有短生殖管。尾节后缘中央具缺刻，左后叶大于右后叶，其边缘及底部边缘具浓密刚毛。

【繁殖】陆寄居蟹交配后会把卵产在螺壳中，依附在腹肢上，卵很快便会成熟，变成蚤状的幼体。蟹群会在6月至8月期间聚集在海岸附近的森林，在满月潮涨的夜晚到海边放出蚤状幼体。

【生态生境】居住在高潮线以上的陆地，常栖息在厚重的螺壳中，多群集在干沙滩及丛林开放处，白天躲在隐蔽处，傍晚到潮上带和潮间带上区，常五六只聚集一起，群集于海浪漂来的垃圾下取食，或爬至岛上住房中觅食。

【地理分布】非洲东部海域，所罗门群岛，库克群岛，法属波利尼西亚。马达加斯加，斯里兰卡，塞舌尔，毛里求斯，马来西亚，菲律宾，印度尼西亚，澳大利亚北部，瓦努阿图，斐济，萨摩亚，汤加海域。我国西沙群岛，台湾海域。

【GenBank】KY352235

【保护等级】least concern（无危）

【生态与应用价值】灰白陆寄居蟹多活动于珊瑚礁岸边的陆地地区，觅食珊瑚礁滩上的多种藻类和有机沉积物，是珊瑚礁生态系统中重要的一类消费者和分解者。

红斑新岩瓷蟹
Neopetrolisthes maculatus

瓷蟹科 Porcellanidae
新岩瓷蟹属 *Neopetrolisthes*

【形态特征】头胸甲与龙虾相似，表面较为光滑。体型较为扁平。额缘突出呈三角形。嘴下颚肢共有 5 对，主要以第 2 对和第 3 对进行过滤捕食。螯足稍不等称，长节、腕节及掌节背缘具红色的斑块或细小红色斑点。3 对步足较为明显，第 4 对步足较小隐藏于身体下部，长节具红色的斑块或细小红色斑点，腕节与掌节通常为白色。

【繁殖】繁殖方式尚不明确。

【生态生境】居住在海葵上，且雌雄成对存在，可和各种不同的海葵共同生活。

【地理分布】印度洋，太平洋。澳大利亚群岛。

【GenBank】KC107816

【保护等级】least concern（无危）

【生态与应用价值】红斑新岩瓷蟹与海葵互惠共生，因而俗称海葵蟹，滤食海葵上的多种藻类和有机沉积物，是海洋生态系统中重要的一类消费者和分解者。

口足目 Stomatopoda

蝉形齿指虾蛄
Odontodactylus scyllarus

齿指虾蛄科 Odontodactylidae
齿指虾蛄属 *Odontodactylus*

【形态特征】蝉形齿指虾蛄又称雀尾螳螂虾。体长最大可达18cm，外表颜色非常鲜艳，由红、蓝、绿等多种颜色构成。是一种外表颜色类似孔雀的肉食性节肢动物。触角鳞片为橘红色，末端外缘为黑色，头胸甲前侧缘具有镶白边的黑色及咖啡色蜂巢状纹路，3对胸足及捕食爪呈红色。胸前大螯钩有很大的弹出力量，能在瞬间挥出棍子般的前螯砸向猎物。第2对颚足非常发达，是捕食和御敌的利器。其捕食肢最前端的一节呈单刺状，末端如锥子一般非常尖锐，根部则凸起加厚。当它折叠起来时，加厚的部位可以像锤子一样击碎甲壳类、贝类、螺类等动物的硬壳；而当它伸展开时，又可以轻松刺穿动物的软组织。

【繁殖】产卵期在4-9月，6-7月为盛产期。盛产期抱卵虾约占雌虾总数的73%-87%。交配是在临产前进行的。雌虾先行蜕壳，此时雄虾则尾随交配。交配后常于24小时内产卵，产卵多在夜间进行。

【生态生境】栖息在水下3-40m，通常在10-30m的水深处，适宜水温为22-28℃。最常见于它们的"U"形洞穴中，通常建在靠近沙质和沙砾地区的珊瑚礁基地附近。其领域性强，个性也相当的凶残。猎食范围很广泛，从行动缓慢的贝类、螺类到虾蟹及鱼类。

【地理分布】关岛至东非的印度洋—西太平洋热带海域。我国南海，台湾海域。

【GenBank】AF205234

【保护等级】least concern（无危）

【生态与应用价值】蝉形齿指虾蛄为一类泛珊瑚礁区域的节肢动物，多活动于珊瑚礁地区，觅食珊瑚礁中的生物，是珊瑚礁生态系统中重要的一类消费者。蝉形齿指虾蛄的视觉有独特之处：它能够看到其他动物所无法看到的"另一个世界"。具有第四种类型的视觉系统，拥有能够察觉圆偏振光的能力，通过这种视觉系统可秘密地进行交流沟通。

大指虾蛄
Gonodactylus chiragra

指虾蛄科 Gonodactylidea
指虾蛄属 *Gonodactylus*

【形态特征】体长最大可达32cm。是一种肉食性节肢动物。触角鳞片末端外缘为黑色，头胸甲前侧缘具有镶白边的黑色及咖啡色蜂巢状纹路，具3对胸足及捕食爪。腿、触角为棕色和蓝色，腹足具红色刚毛；成年雄性的甲壳上有红色斑块。胸前大螯钩有很大的弹出力量，能在瞬间挥出棍子般的前螯砸向猎物。大指虾蛄的第2对颚足非常发达，是捕食和御敌的利器。其捕食肢最前端的一节呈单刺状，末端如锥子一般非常尖锐，根部则凸起加厚。当它折叠起来时，加厚的部位可以像锤子一样击碎甲壳类、贝类、螺类等动物的硬壳；而当它伸展开时，又可以轻松刺穿动物的软组织。

【繁殖】产卵期在4-9月，6-7月为盛产期。盛产期抱卵虾约占雌虾总数的73%-87%。交配是在临产前进行的。雌虾先行蜕壳，此时雄虾则尾随交配。交配后常于24小时内产卵，产卵多在夜间进行。

【生态生境】大指虾蛄栖息在水下15-30m处。清晨和傍晚较活跃，晚上和中午多躲藏于"U"形洞穴中，其通常建在靠近沙质和沙砾地区的珊瑚礁基地附近。其领域性强，个性也相当的凶残。大指虾蛄的猎食范围很广泛，从行动缓慢的贝类、螺类到虾蟹及鱼类。

【地理分布】关岛至东非的印度洋—西太平洋热带海域。我国南海，台湾海域。

【GenBank】AF205250

【保护等级】least concern（无危）

【生态与应用价值】大指虾蛄为一类泛珊瑚礁区域的节肢动物，多活动于珊瑚礁地区，觅食珊瑚礁中的生物，是珊瑚礁生态系统中重要的一类消费者。

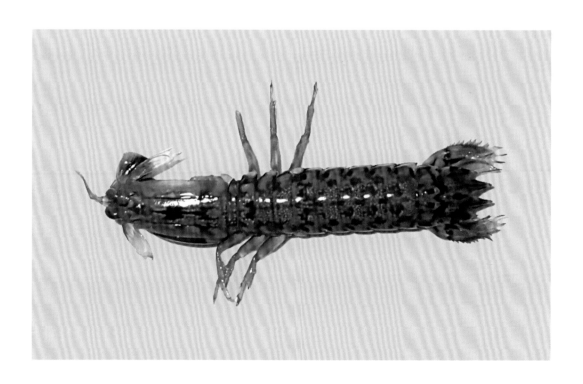

（三）棘皮动物门

棘皮动物是一类后口动物，是接近脊索动物门的高等无脊椎动物，现存超过 7000 种。棘皮动物门是海洋生境特有生物类群，几乎全营底栖生活，分布范围非常广泛，从热带海域到寒带海域、从潮间带到数千米的深海都有分布，在海洋生态系统的结构和功能中发挥着重要作用。

棘皮动物幼虫两侧对称而成体多为五辐射对称，具有特殊的水管系统辅助摄食、运动和其他功能。身体区分为有管足的辐部或步带和无管足的间步带。内部器官包括水管系、神经系、血系和生殖系均为辐射对称，只有消化道除外。身体有口面和反口面之分（口面用于进食，反口面用于排泄）。骨骼很发达，由许多分开的碳酸钙骨板构成，各骨板均由一单晶的方解石组成。多为雌雄异体，生殖细胞释放到海水中受精，幼体在初发生时形状相同，以后则随纲而异，少数种类可进行裂体繁殖。主要分为五个纲：海星纲、蛇尾纲、海胆纲、海参纲和海百合纲。沿海常见的海星、海胆、海参、蛇尾等都属于棘皮动物，外观差别很大，有星状、球状、圆筒状和花状。我国海域棘皮动物已记录超过591 种，南海具有最高的物种多样性，超过 455 种（廖玉麟和肖宁，2011）。

棘皮动物是珊瑚礁生态系统中非常重要的一类生物类群，具有极高的生物多样性和生物量，具有多样化的生态功能。例如，海参、海蛇尾主要摄食碎屑有机质和底栖藻类，是珊瑚礁系统中重要的消费者和分解者，促进物质循环和能量流动，是生态系统的重要组成部分。岛礁区域的海星多为肉食性，以摄食贝类或其他棘皮类生物为主，可以控制贻贝、牡蛎等底栖生物的过度生长；但长棘海星则是专食珊瑚的敌害生物，其突然爆发会严重威胁岛礁生态系统健康。

总之，认识岛礁区域棘皮动物的生物组成和生态功能，能够给为构建健康岛礁生态系统，促进岛礁健康发育提供重要的理论支撑。

（三）棘皮动物门 Echinodermata

海参纲 Holothuroidea

楯手目 Synallactida

花刺参
Stichopus horrens

刺参科 Stichopodidae
刺参属 *Stichopus*

【形态特征】生活时体长为 200-300mm，直径为 40-50mm。体呈圆筒状，前端常比后端细。口偏于腹面，具触手 20 个。背面散布少数疣足，排列不规则。腹面管足较多，排列也无规则；而幼小个体却常成纵带排列，一般排列成 3 纵带，其中中带较宽。居维氏器很发达。在花刺参中观察到 3 种骨片，分别是桌形体、"C"形体和花纹样体。体壁骨片为桌形体和扣状体。桌形体底盘不大呈圆形，周缘平滑或呈波状，中央有 4 个大孔，周缘有 8-14 个小孔；另外还有比较小的桌形体，底盘呈方形，具 4 个大的中央孔和 4 个小的周缘孔。桌形体塔部顶端有一大的中央孔，周缘具齿 8-11 个。扣状体常为椭圆形，有穿孔 3 或 4 对。体色多数为深黄色带深浅不同的橄榄色斑点、黄灰色带钱褐色的网纹或浓绿色的斑纹等。肉刺末端有的带红色。

【繁殖】雌雄异体，营有性生殖。

【生态生境】多栖息于岸礁边、海水平静、海草多的沙底，小者栖息于珊瑚下或石下，大者多生活于较深水域或潟湖通道。

【地理分布】西起马达加斯加、坦桑尼亚的桑给巴尔海域及红海，东到加罗林群岛，北到日本南部海域，南到澳大利亚的洛德豪夫岛等地。我国广西涠洲岛，广东硇洲岛，海南岛，西沙群岛，台湾浅海。

【GeneBank】无

【保护等级】least concern（无危）

【生态与应用价值】花刺参为一类泛珊瑚礁区域的棘皮动物，多活动于珊瑚礁沙底，觅食珊瑚礁沙底的藻类和有机沉积物，是珊瑚礁生态系统中重要的一类消费者和分解者。花刺参可清除珊瑚礁上的藻类和沉积物，维持珊瑚礁藻类和珊瑚间竞争关系的稳定，有利于促进珊瑚的生长。

巨梅花参
Thelenota anax

刺参科 Stichopodidae
梅花参属 *Thelenota*

【形态特征】巨梅花参体呈圆筒体，腹面平坦。口偏于腹面，具触手 20 个。背面有分散的小疣足，但两侧疣足较大。腹面密集地布满管足，排列不规则。肛门偏于背面。体壁内骨片有 2 种：一种是密布全体，重叠的微小颗粒体；另一种是分叉杆状体。分叉杆状体有粗细之分，细的长约 100μm，分枝 2 或 3 次，最末分枝有 1-3 个小尖刺；粗的分枝杆状体长约 50μm，一般只分枝 2 次，而且不在一个平面上，有时分枝在末端相连，形成 4 个穿孔。粗细杆状体之间无中间过渡型。酒精标本显示其背面呈灰褐色，夹杂血红色斑点和斑纹，腹部呈灰白色，触手呈黄色。

【繁殖】雌雄异体，营有性生殖。

【生态生境】多栖息于珊砌礁水深 13-16m 的沙底。

【地理分布】关岛，帕劳群岛，马绍尔群岛。马达加斯加，印度尼西亚海域。我国西沙群岛。

【GenBank】EU848292

【保护等级】least concern（无危）

【生态与应用价值】巨梅花参为一类泛珊瑚礁区域的棘皮动物，多活动于珊瑚礁沙底的地区，觅食珊瑚礁沙底的藻类和有机沉积物，是珊瑚礁生态系统中重要的一类消费者和分解者。巨梅花参可清除珊瑚礁上的藻类和沉积物，维持珊瑚礁藻类和珊瑚间竞争关系的稳定，有利于促进珊瑚的生长。

玉足海参
Holothuria leucospilota

海参科 Holothuriidae
海参属 *Holothuria*

【形态特征】玉足海参体形类似圆柱形，后端较粗或两端较细，长 8-25cm。嘴偏于腹面，有触手 20 个。背面散生的疣足和管足呈皱纹状皱缩。皮肤内骨片为桌形体和扣状体。桌形体底盘类圆形或方形，中央具 4 个大孔，周围具 8-14 个小孔，顶端具 8-11 个小齿。扣状体有小孔 6-8 个。体表面常呈暗褐色或紫褐色。

【繁殖】雌雄异体，营有性生殖。

【生态生境】一般生活于潮间带中潮或高潮区，裸露在水洼中、珊瑚礁或石下。

【地理分布】印度洋—西太平洋。东到非到夏威夷群岛和学会群岛，北至日本南部海域，南至澳大利亚洛德豪夫岛和沙克湾。我国广西、广东、福建海域，海南岛，西沙群岛，台湾岛海域。

【GenBank】GQ920698

【保护等级】least concern（无危）

【生态与应用价值】玉足海参为一类泛珊瑚礁区域的棘皮动物，多活动于珊瑚礁沙底，觅食珊瑚礁沙底的藻类、小型底栖生物和有机沉积物，是珊瑚礁生态系统中重要的一类消费者和分解者。玉足海参可清除珊瑚礁上的藻类和沉积物，维持珊瑚礁藻类和珊瑚间竞争关系的稳定，有利于促进珊瑚的生长。

海胆纲 Echinoidea

拱齿目 Camarodonta

石笔海胆
Heterocentrotus mamillatus

长海胆科 E-chinometridae
石笔海胆属 *Heterocentrotus*

【形态特征】石笔海胆体呈椭圆形，壳质坚厚。长轴较长，可达 8-10cm。口面的大棘扁平，末端扩大呈鸭嘴状。反口面另有大小不等、短壮的大棘，顶上平滑呈现多角形，中棘为楔形，密集于壳的表面。大棘极强大粗壮，其长等于或大于壳的长径，其基部为圆柱状，上端膨大呈球棒状或三棱形。生活时体色美丽，大棘一般为深浅不均匀的浅褐色或灰褐色，也有的带灰色或黑紫色，末端常有 1-3 条浅色环带，口面的大棘末端常为红色。中棘为白色、褐色或紫黑色。

【繁殖】雌雄异体，营有性生殖。

【生态生境】栖息于沿岸珊瑚礁洞穴内，有时在水深 20m 处也能发现。对珊瑚有破坏性，通常单独生活，夜行性，白天躲藏，夜晚出来觅食。

【地理分布】印度洋—太平洋的热带海域。美国夏威夷近海。我国海南海域，西沙群岛，南沙群岛等。

【GenBank】EU153189

【保护等级】least concern（无危）

【生态与应用价值】石笔海胆为一类泛珊瑚礁区域的棘皮动物，多活动于珊瑚礁地区，觅食珊瑚礁石上的藻类和沉积物，是珊瑚礁生态系统中重要的一类消费者。石笔海胆可清除珊瑚礁上的藻类，维持珊瑚礁藻类和珊瑚间竞争关系的稳定，同时也会啃食珊瑚，对控制珊瑚种群发挥重要作用。此外，能通过观察石笔海胆刺的数量来监测水质环境，适合在人工修复岛礁的后期适量投入，作为珊瑚礁生态环境指示物种。

冠海胆目 Diadematoida

冠刺棘海胆
Echinothrix diadema

冠海胆科 Diadematidae
刺棘海胆属 *Echinothrix*

【形态特征】壳的轮廓为圆形，直径约为9cm。反口面和口面都是平的。步带很窄，在赤道最窄，靠近顶系和围口部处稍微加宽。成年个体反口面步带常稍微隆起。步带的疣到赤道部增大，但数目减少，排列为2纵行。间步带很宽，平或稍微凹陷，沿着它的中线没有明显的裸出部，所以和石笔海胆容易区别。成年个体在赤道部各间步带板上一般有大疣3个，排列为一斜行。顶系较小，肛门生于圆锥状管上，很小，不隆起，围肛部膜内也没有白色的小厚鳞片。围口部大，鳃裂宽而显著。间步带的大棘没有环轮，但表面有细纵沟。步带的大棘或毒棘很短小，呈细针状，顶端有倒钩。生活时棘和壳为黑紫色，也有的为黄绿色带暗色的环带。步带棘为黄色。幼小个体的棘不显光泽，反口面的步带棘也不为绿色。光壳近乎白色。

【繁殖】雌雄异体，营有性生殖。

【生态生境】它们喜欢夜间出没，躲藏在裂缝及石间。共生的海胆针虾会在冠刺棘海胆上营共生生活。马骝虾则会在它们身边徘徊，生活于其周围。

【地理分布】印度洋—西太平洋。我国海南岛南部，西沙群岛。

【GenBank】AY012753

【保护等级】least concern（无危）

【生态与应用价值】冠刺棘海胆为一类泛珊瑚礁区域的棘皮动物，多活动于珊瑚礁地区，觅食珊瑚礁石上的藻类和沉积物，是珊瑚礁生态系统中重要的一类消费者。同时，冠刺棘海胆可与珊瑚礁小型生物形成互利共生关系，对维持珊瑚礁生态系统物种多样性的稳定发挥了重要作用。

海星纲 Asteroidea

瓣棘海星目 Valvatida

蓝指海星
Linckia laevigata

蛇海星科 Ophidiasteridae
指海星属 *Linckia*

【形态特征】身体由中央盘和五辐射对称的指状腕组成，直径可达 30cm。本体小但腕足长且粗壮，由 5 只腕足构成，但偶有 4 只腕足的蓝指海星。体色为天蓝色，有时带有红色或紫色斑块，表面坚硬，若受外来刺激身体更坚硬如石。

【繁殖】通过体外受精繁殖，不需要交配。雄性蓝指海星的每个腕上都有 1 对睾丸，它们将大量精子排到水中，雌性也同样通过长在腕两侧的卵巢排出成千上万的卵子。精子和卵子在水中相遇，完成受精，形成新的生命。从受精的卵子中生出幼体。

【生态生境】喜欢活动于岩礁和珊瑚礁区的潮池及亚潮带数米深的浅水处。以浮游生物及贝类为主食。

【地理分布】印度洋，西太平洋。我国南海，台湾海域浅水。

【GenBank】AF187899

【保护等级】least concern（无危）

【生态与应用价值】蓝指海星为一类泛珊瑚礁区域的棘皮动物，多活动于珊瑚礁地区，觅食珊瑚礁中栖息的浮游生物和贝类为主，是珊瑚礁生态系统中重要的一类消费者。蓝指海星对稳定珊瑚礁生态系统中生物间的平衡关系发挥了重要作用。

盖丁指海星
Linckia guildingi

蛇海星科 Ophidiasteridae
指海星属 *Linckia*

【形态特征】大型海星，具有 5 只腕，腕细长，腕的切面略呈圆形，*R*（辐长）/*r*（间辐长）＝16cm/1.8cm。体表覆满细颗粒体，骨板上的颗粒体较大，皮鳃上的颗粒体较小。皮鳃 30-50 个 1 组，集中在背面，腹面无皮鳃；每一腕侧的皮鳃排成明显的 3 个纵列，腕背面的皮鳃则呈不规则排列。筛板 2 个，上面有密的细沟纹，位于间辐区，靠近体侧。步带沟狭小，步带棘短且钝，2 个一组，略呈扁颗粒状，一大一小紧密排列，步带棘之间没有颗粒体。第 2 步带棘较大，单个存在，末端钝，略排成 1 纵列。第 2 步带棘之后尚有 1 个钝棘，比第 2 沟棘略小，两棘之间夹有数个颗粒体。生活时为灰色，干标本颜色变化

小。生活在水深 1-5m 的岩礁区，外形与蓝指海星颇相似，也常一起出现，因此常被误认为是蓝指海星，但该种腕较蓝指海星细长。

【繁殖】其繁殖方式为卵生，雌雄异体，体外受精。

【生态生境】主要在珊瑚礁区分布，可在 0-29m 的海域生活。

【地理分布】印度洋—西太平洋。东非海域，红海，波斯湾，孟加拉湾，菲律宾群岛，南太平洋群岛，夏威夷群岛。马尔代夫，斯里兰卡，阿拉伯东南部，马达加斯加，印度东部，澳大利亚北部，越南东岸，日本南部海域。我国南海。

【GenBank】EU869943

【保护等级】least concern（无危）

【生态与应用价值】盖丁指海星是一类广泛分布在珊瑚礁区域的棘皮动物，主要觅食甲壳类和浮游动植物等，是维持珊瑚生态系统稳定的重要消费者。

费氏纳多海星
Nardoa frianti

蛇海星科 Ophidiasteridae
纳多海星属 *Nardoa*

【形态特征】费氏纳多海星又称赤瘤蛇星或赤瘤海星。通常具有 5 只腕，腕的末端向上翘起，腕的横切面略呈圆形，腕长约可达 10cm。体表密布颗粒体。筛板 1 个，位于间辐区，上有许多放射状的沟。皮鳃成群出现。肛门位于中央盘，被许多狭长的颗粒体包围。许多背板隆起形成半圆形的凸起瘤，直径约为 1.5mm，高度约为 2mm，这些凸起瘤上的颗粒体较大，特别是瘤的顶部。第 1 步带棘大多为 5 个 1 组，第 2 步带棘大多为 4 个 1 组，第 3 步带棘短小，大多为 2 个 1 组。生活时为淡橘红色，腕上常有较深的橘红色斑块，酒精标本为灰白色。

【繁殖】其繁殖方式为卵生，雌雄异体，体外受精。

【生态生境】生活在水深 1-5m 的珊瑚礁区。多为夜行性，白天会躲在岩石下方，以岩礁上的小型无脊椎动物为食，多属于肉食性。

【地理分布】南太平洋群岛，孟加拉湾，菲律宾群岛。澳大利亚北部，日本南部海域。我国南部海域。

【GeneBank】无

【保护等级】least concern（无危）

【生态与应用价值】目前关于该海星的生态功能资料较少。费氏纳多海星是海洋生物链中不可缺少的一个环节，其对于维持海洋生态系统中生物群的平衡具有至关重要的作用。

粒皮海星
Choriaster granulatus

瘤海星科 Oreasteridae
粒皮海星属 *Choriaster*

【形态特征】一种大型的海星，最大半径约为 27cm。具有 5 只腕，R（辐长）/r（间辐长）=9cm/3.5cm，体盘厚，腕粗短。体表光滑，有厚皮肤，上面密生细颗粒，没有疣或棘。皮鳃区局限于背面，体盘中心的皮鳃围成 1 圈，呈辐射状；腕背面两侧皮鳃各排成 4 纵列；腕末端 1/4 区域无皮鳃。筛板凹陷，上有放射状细沟纹。腹面颗粒体呈多角形。步带沟窄小，7 或 8 个扁钝步带棘排成掌状，基部有皮膜相连。第 2 步带棘 3 个 1 组，扁钝，旁边常有一大型直形叉棘。生活时，全体为肉红色，皮鳃区呈较深的棕色。

【繁殖】其繁殖方式为卵生，雌雄异体，体外受精。

【生态生境】生活在深达 40m 深的浅水区，经常在珊瑚礁、礁石外部的瓦砾斜坡、瓦砾和碎屑的地方活动。粒皮海星以藻类、死亡动物的碎屑、大法螺为食，也吃各种小型无脊椎动物和珊瑚息肉。

【地理分布】印度洋—太平洋。东非海域，澳大利亚大堡礁，红海。瓦努阿图，斐济，巴布亚新几内亚海域。我国南海。

【GeneBank】无

【保护等级】least concern（无危）

【生态与应用价值】粒皮海星为一类泛珊瑚礁区域的棘皮动物，多活动于珊瑚礁地区，是珊瑚礁生态系统中重要的一类消费者和分解者。粒皮海星对稳定珊瑚礁生态系统中生物间的平衡关系发挥了重要作用。

面包海星
Culcita novaeguineae

瘤海星科 Oreasteridae
面包海星属 *Culcita*

【形态特征】面包海星，又称为馒头海星，成体的腕长 15-25cm。一般为 5 只腕足，但腕足特别粗短，区分不明显，与体盘连成一团，成体为圆五角形，体厚胖，形如超大型的波罗面包或风行一时的巨蛋面包。面包海星幼体与成体形态差异较大，幼体具有较长的腕足，随着个体生长，腕足基部逐渐向外增长，腕足变成粗短状。幼体栖息的水深似乎较浅，偶尔在潮间带附近可以发现，体色呈斑驳的浅绿色，体型为扁五角形且边缘板明显，腕足较明显，外形与成体差异颇多。个体的颜色变异颇大，但主要为红、褐色系，体表上会有许多末端为黄色的小突起。

【繁殖】雌雄异体，一般通过体外受精繁殖。

【生态生境】生活在水深 10m 以内岩礁海岸。本种主要以有机碎屑、无脊椎动物和珊瑚虫为食，主要在珊瑚礁区分布，经常有岩虾（*Genus Periclimenes*）与其共栖。

【地理分布】南太平洋群岛，夏威夷群岛，孟加拉湾，菲律宾群岛。印度东部，澳大利亚北部，日本南部海域。我国南海，台湾小琉球、南湾等地的珊瑚礁区及东北角海域。

【GeneBank】无

【保护等级】least concern（无危）

【生态与应用价值】面包海星为一类泛珊瑚礁区域的棘皮动物，多活动于珊瑚礁地区，觅食珊瑚礁中的死亡动物的碎屑以及小型无脊椎动物等，是珊瑚礁生态系统中重要的一类消费者和分解者。面包海星对稳定珊瑚礁生态系统中生物间的平衡关系发挥了重要作用。

有棘目 Spinulosida

吕宋棘海星
Echinaster luzonicus

棘海星科 Echinasteridae
棘海星属 *Echinaster*

【形态特征】吕宋棘海星又称细腕海星。腕长约8cm，栖息于珊瑚礁上，再生能力强，可借由自割进行无性生殖，能够以单只断腕长成完整的新海星，偶见不明原因的畸形个体。腕足狭长从本体向末端微尖，数目为4-7只，通常为5或6只。反口面有许多细小棘刺突起，体色随各栖息地有极大的差异，有橘红色、黑色、深褐色等。通常有一截深褐色腕尖。台湾东北角的个体有红棕色及橙红色两种，其他地则有土黄色及黑色的品种。

【繁殖】一般通过体外受精繁殖后代，雌雄异体。少数情况下可进行无性生殖。
【生态生境】主要在珊瑚礁区分布。
【地理分布】东印度洋以东到南太平洋诸岛的印度洋—西太平洋海域的低潮线岩礁边及亚潮间带岩石表面、潮池中。我国海南岛，西沙群岛，中沙群岛，福建及台湾海域。
【GeneBank】无
【保护等级】least concern（无危）
【生态与应用价值】吕宋棘海星为一类泛珊瑚礁区域的棘皮动物，多活动于珊瑚礁地区，觅食珊瑚礁中死亡动物的碎屑及小型无脊椎动物等，是珊瑚礁生态系统中重要的一类消费者和分解者。吕宋棘海星对稳定珊瑚礁生态系统中生物间的平衡关系发挥了重要作用。

海百合纲 Crinoidea
圆顶海百合亚纲 Camerata

双杯圆顶海百合目 Diplobathrida

双杯圆顶海百合
Stephanometra indica

玛丽羽枝科 Mariametridae
羽枝属 *Stephanometra*

【形态特征】双杯圆顶海百合的腕足细长，腕由圆形基座边缘长出，可以像树枝般一再分叉，细分成多个小节，小节上有许多细小的羽枝，每一支羽枝可再细分成数段，每一段上有纤毛。腕可以任意卷曲，也可以上下快速移动，有部分种类的海百合能自由游动，部分则附在海床上生活，后者通常为海羊齿。

【繁殖】双杯圆顶海百合为雌雄异体，没有固定的生殖腺，生殖细胞来源于腕近端的羽枝或腕部体腔上皮细胞。有柄的海百合将精、卵释放到海水中，并在外界受精，以后发育成桶形幼虫，自由游泳一段时间后附着变态成一个具柄的海百合。海羊齿由樽形幼虫变态成一有柄的固着五腕海百合幼虫，很相像一个小百合，经数月生长后长出卷枝，离开柄而自由生活。

【生态生境】海百合生活在海洋里，从潮间带到深海都有分布，幼体或终生固着生活。口面向上，反口面有柄，身体下面有五角形分节的长柄，竖立于深海底，柄的长度可达 60cm 以上，营固着生活。

【地理分布】太平洋，大西洋。我国南海。

【GeneBank】无

【保护等级】least concern（无危）

【生态与应用价值】双杯圆顶海百合为一类泛珊瑚礁区域的棘皮动物，多栖息于珊瑚礁地区。双杯圆顶海百合是滤食动物，只觅食珊瑚礁中的浮游生物，是珊瑚礁生态系统中重要的一类消费者。双杯圆顶海百合对稳定珊瑚礁生态系统中生物间的平衡关系发挥了重要作用。

蛇尾纲 Ophiuroidea

真蛇尾目 Ophiurida

紫海蛇尾
Ophiocoma cynthiae

梳蛇尾科 Ophiocomidae
梳蛇尾属 *Ophiocoma*

【形态特征】紫海蛇尾的体盘和腕的分界非常明显，体盘的直径一般为 1-2cm，腕的数目多是 5 个，内脏不伸入腕内，腕内部骨骼呈椎骨状，椎骨间靠关节彼此相连。紫海蛇尾椎骨间关节为节椎关节，即前一椎骨的几个凹陷和 1 个中央突起关节后一椎骨的几个突起及 1 个中央凹陷，腕只能水平屈曲，不能垂直运动。

【繁殖】紫海蛇尾为雌雄异体，雌雄的外形没有区别，只有极个别种雄性很小，附着在雌性的中央盘上。生殖腺呈葡萄状，在体腔内附着在呼吸盲囊周围，其附着位置及数目因种而异。生殖细胞形成后先进入呼吸囊中，在那里进一步地成熟，在囊内或海水中受精。受精卵的孵育是很普遍的，在呼吸囊中孵育，甚至在其中卵胎生。

【生态生境】生活在潮间带到 6000 多米的深海，以砂质、石质的海床和珊瑚礁环境最为常见，寒带海洋和泥质海床环境数量则比较少。

【地理分布】各大洋。我国南海。

【GeneBank】无

【保护等级】least concern（无危）

【生态与应用价值】紫海蛇尾为一类泛珊瑚礁区域的棘皮动物，多活动于珊瑚礁地区，觅食珊瑚礁中死亡动物的碎屑及浮游动物等，是珊瑚礁生态系统中重要的一类消费者和分解者。紫海蛇尾对稳定珊瑚礁生态系统中生物间的平衡关系发挥了重要作用。

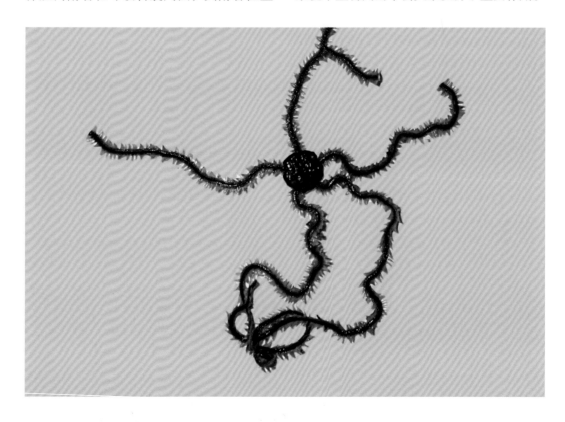

参 考 文 献

陈重泰, 黄云错, 谭继宽, 等. 2005. 滇西早石炭世双环圆顶海百合化石. 云南地质, 24 (1): 67-82.

陈志云, 谭烨辉, 连喜平. 2016. 中国海芋螺属一新记录 (腹足纲, 芋螺科). 热带海洋学报, 35 (3): 99-100.

丁兰平. 2013. 中国海藻志. 第四卷, 绿藻门. 第一册, 丝藻目、胶毛藻目、褐友藻目、石莼目、溪菜目、刚毛藻目、顶管藻目. 北京: 科学出版社.

郭文场, 丁向清, 刘佳贺, 等. 2013. 中国海星资源的种类、分布与综合利用. 特种经济动植物, 16 (12): 9-13.

黄道建, 黄小平, 黄正光. 2010. 海南新村湾海菖蒲 TN 和 TP 含量时空变化及其对营养负荷的响应. 海洋环境科学, 29 (1): 40-43.

黄晖, 张成龙, 杨剑辉, 等. 2012. 南沙群岛渚碧礁海域造礁石珊瑚群落特征. 应用海洋学学报, 31 (1): 79-84.

季乃云. 2008. 凹顶藻次级代谢产物及其生物活性和化学分类学研究. 中国科学院研究生院 (海洋研究所) 博士学位论文.

蒋福康. 1989. 黄岩岛海藻的研究补充. 热带海洋学报, (1): 97-98.

雷新明, 黄晖, 黄良民. 2012. 珊瑚礁生态系统中钙珊瑚藻的生态作用研究进展. 生态科学, 31 (5): 585-590.

李宝泉, 张素萍, 李新正. 2003. 笔螺科分类系统学研究概况及我国近海笔螺科研究进展. 海洋科学, 27 (2): 21-23.

李春艳, 常亚青. 2006. 海参的营养成分介绍. 科学养鱼, (2): 71-72.

李凤兰. 1995. 中国近海芋螺科的研究 II. 海洋科学集刊 (1), 36: 245-266.

李伟新, 朱仲嘉, 刘凤贤. 1982. 海藻学概论. 上海: 上海科学技术出版社.

李晓梅, 杜宇, 林炽贤. 2010. 长砗磲 (*Tridacna maxima*) 个体大小与虫黄藻数量的相关性研究. 安徽农业科学, 38 (6): 2981-2982.

李育培, 李广毅, 李家积. 2015. 西沙群岛海域鳞砗磲底播养殖试验. 科学养鱼, V31 (9): 44-45.

廖玉麟, 肖宁. 2011. 中国海棘皮动物的种类组成及区系特点. 生物多样性, 19 (6): 729-736.

林志华, 王铁杆. 1998. 管角螺生态及繁殖习性观察. 海洋科学, 22 (5): 11-12.

刘春胜, 刘小霞, 汪浩, 等. 2018. 光照强度和光色对番红砗磲 (*Tridacna crocea*) 氨氮、活性磷酸盐及氧代谢的影响. 海洋与湖沼, 49 (2): 313-318.

刘皓, 姚维, 刘海情, 等. 2014. 杂色龙虾线粒体基因组全序列的测定与分析. 海洋科学, 38 (11): 16-23.

刘伟. 2006. 中国海砂海星科 (棘皮动物门: 海星纲) 系统分类学研究. 中国科学院研究生院 (海洋研究所) 硕士学位论文.

陆保仁. 1980. 西沙群岛的经济海藻. 海洋科学, 4 (1): 54-58.

潘英, 庞有萍, 罗福广, 等. 2008. 管角螺的繁殖生物学. 水产学报, 32 (2): 217-222.

彭勃, 黄小平, 张大文. 2010. 泰来藻、海菖蒲体内铜的化学形态与累积规律. 生态学杂志, 29 (10): 1993-1997.

彭付敏, 吴灶和, 申玉春, 等. 2014. 珠母小核果螺形态结构的系统观察. 广东海洋大学学报, (6): 12-17.

邱广龙, 苏治南, 钟才荣, 等. 2016. 濒危海草贝克喜盐草在海南东寨港的分布及其群落基本特征. 广西植物, 36 (7): 882-889.

王复振. 1984. 我国的寄居蟹. 生物学教学, (2): 5-8.

王怀洪, 严俊贤, 冯永勤, 等. 2017. 花刺参胚胎和幼体发育的形态观察. 水产科学, 36 (5): 606-611.

王丽荣, 赵焕庭. 2001. 珊瑚礁生态系的一般特点. 生态学杂志, 20 (6): 41-45.

王永川, 潘国瑛. 1978. 红藻生殖器官的研究 VI. 几种粉枝藻及其生殖系统的发育. 植物学报, 20 (1): 71-75.

文菁, 范嗣刚, 李海鹏, 等. 2018. 南海 4 个花刺参地理群体的遗传多样性研究. 水产科学, 37 (3): 118-122.

夏邦美. 2013. 中国海藻志. 第二卷, 红藻门. 第四册, 珊瑚藻目. 北京: 科学出版社.

肖丽婵. 2013. 中国海活额寄居蟹科 (Diogenidae) 系统分类学研究. 中国科学院研究生院 (海洋研究所) 硕士学位论文.

肖宁. 2012. 中国海域角海星科和棘海星科分类及地理分布特点. 中国科学院研究生院 (海洋研究所) 博士学位论文.

肖孝梅, 徐石海, 杨凯. 2005. 西沙仙掌藻 *Halimeda xishaensis* 的次级代谢产物. 光谱实验室, 22 (6): 1138-1141.

许战洲. 2006. 新村湾泰来藻 (*Thalassia hemprichii*) 种群生态学研究. 中国科学院研究生院博士学位论文.

杨红生, 肖宁, 张涛. 2016. 棘皮动物学研究现状与展望. 海洋科学集刊 (1), 51: 125-131.

杨冉. 2015. 温度、光照、盐度对喜盐草生长及生理生化特性的影响. 广东海洋大学硕士学位论文.

尤仲杰，陈志云. 2010. 浙江沿海荔枝螺属（腹足纲：骨螺科）分类学研究. 浙江海洋学院学报（自然科学版），29 (4)：306-317.

曾呈奎. 2009. 中国黄渤海海藻. 北京：科学出版社.

翟洪民. 2006. 防治鸽子螺旋体病. 特种经济动植物，(11)：49.

张乔民. 2001. 我国热带生物海岸的现状及生态系统的修复与重建. 海洋与湖沼，32 (4)：454-464.

张素萍，张福绥. 2003. 中国近海荔枝螺属的研究（腹足纲：骨螺科）. 中国动物学会、中国海洋湖沼学会贝类学分会第十一次学术讨论会.

张素萍，张福绥. 2007. 中国近海核果螺属和小核螺属（腹足纲，骨螺科，红螺亚科）的分类研究. 海洋科学，31 (9)：62-66.

赵焕庭，温孝胜，孙宗勋，等. 1996. 南沙群岛珊瑚礁自然特征. 海洋学报，18 (5)：61-70.

赵鑫. 2007. 海胆性腺发育研究概况. 北京水产，(6)：48-54.

赵雪，裴志胜. 2016. 南海特色资源调查报告. 科技视界，(8)：284-285.

周沉冤，江志坚，连忠廉，等. 2014. 海南新村湾海草泰来藻凋落叶特征及其对网箱养殖的响应. 生态学杂志，33 (6)：1546-1552.

Brusca R C, Brusca G J. 2003. Invertebrates. Quarterly Review of Biology, 100(2): 669-677.

Clark R J H, Rodley G A, Drake A F, et al. 1990. The carotenoproteins of the starfish *Linckia laevigata* (Echinodermata: asteroidea): A resonance raman and circular dichroism study. Comparative Biochemistry and Physiology Part B: Comparative Biochemistry, 95(4): 847-853.

Connell J H. 1978. Diversity in tropical rain forests and coral reefs. Science, 199(4335): 1302-1310.

De Grave S. 2001. On the taxonomic status of *Marygrande mirabilis* PESTA, 1911 (Crustacea: Decapoda: Palaemonidae). Annalen des Naturhistorischen Museums in Wien. Serie B für Botanik and Zoologie: 129-134.

Dotan A. 1990. Population structure of the echinoid *Heterocentrotus mammillatus* (L.) along the littoral zone of south-eastern Sinai. Coral Reefs, 9(2): 75-80.

Dotan A. 1990. Reproduction of the slate pencil sea urchin, *Heterocentrotus mammillatus* (L), in the Northern Red Sea. Marine and Freshwater Research, 41(4): 457-465.

Duque C, Rojas J, Zea S, et al. 1997. Main sterols from the ophiuroids *Ophiocoma echinata*, *Ophiocoma wendtii*, *Ophioplocus januarii* and *Ophionotus victoriae*. Biochemical Systematics and Ecology, 25(8): 775-778.

Farjami B, Nematollahi M, Moradi Y, et al. 2014. Derivation of extracts from Persian Gulf sea cucumber (*Holothuria leucospilota*) and assessment of its antifungal effect. Iranian Journal of Fisheries Sciences, 13(4): 785-795.

Froese R, Pauly D. 2019. FishBase. World Wide Web electronic publication. www.fishbase.org.

Harmelin-Vivien M L. 1989. Reef Fish Community Structure: An Indo-Pacific Comparison. New York: Springer.

Hughes T P, Baird A H, Bellwood D R, et al. 2003. Climate change, human impacts, and the resilience of coral reefs. science, 301(5635): 929-933.

Huston A M. 1985. Patterns of species diversity on coral reefs. Annual Review of Ecology and Systematics, 16(1): 149-177.

James D B. 1988. Boring and fouling echinoderms of Indian waters. Central Marine Fisheries Research Institute Repository: 227-238.

Jha B, Reddy C R K, Thakur M C, et al. 2009. Dictyotales, Dictyotaceae. Seaweeds of India, The diversity and distribution of seaweeds of gujarat coast. New York: Springer.

Kleinlogel S, Marshall N J. 2009. Ultraviolet polarisation sensitivity in the stomatopod crustacean *Odontodactylus scyllarus*. Journal of Comparative Physiology A, 195(12): 1153-1162.

Kochzius M, Seidel C, Hauschild J, et al. 2009. Genetic population structures of the blue starfish *Linckia laevigata* and its gastropod ectoparasite *Thyca crystallina*. Marine Ecology Progress Series, 396: 211-219.

Land M F, Marshall J N, Brownless D, et al. 1990. The eye-movements of the mantis shrimp *Odontodactylus scyllarus* (Crustacea: Stomatopoda). Journal of Comparative Physiology A, 167(2): 155-166.

Li B Q, Li X Z. 2005. Report of the Genus *Mitra* (Mollusca, Neogastropoda, Mitridae) with seven new record species from the Chinese seas. Acta Zootaxonomica Sinica, 30(2): 330-343.

Llewellyn L E, Endean R. 1988. Toxic coral reef crabs from Australian waters. Toxicon, 26(11): 1085-1088.

Mcclanahan T, Allison E H, Cinner J E. 2015. Managing fisheries for human and food security. Fish and Fisheries, 16(1): 78-103.

Nelson W A. 2009. Calcified macroalgae-critical to coastal ecosystems and vulnerable to change: a review. Marine & Freshwater Research, 60(8): 787-801.

Osuka K, Kochzius M, Vanreusel A, et al. 2016. Linkage between fish functional groups and coral reef benthic habitat composition in the Western Indian Ocean. Journal of the Marine Biological Association of the United Kingdom, 98(2): 1-14.

Pandolfi J M, Connolly S R, Marshall D J, et al. 2011. Projecting coral reef futures under global warming and ocean acidification. Science, 333(6041): 418-422.

Poupin J. 2016. First inventory of the Crustacea (Decapoda, Stomatopoda) of Juan de Nova Island with ecological observations and comparison with nearby islands in the Mozambique channel (Europa, Glorieuses, Mayotte). Acta oecologica, 72: 41-52.

Reynolds Z. Gonodactylus chiragra. Gbri.org.au.

Rosas-Alquicira E F, Riosmena-Rodríguez R, lsabel Neto A. 2011. Segregating characters used within *Amphiroa* (Corallinales, Rhodophyta) and taxonomic reevaluation of the genus in the Azores. Journal of Applied Phycology, 23(3): 475-488.

Ru X, Zhang L, Liu S, et al. 2017. Reproduction affects locomotor behaviour and muscle physiology in the sea cucumber, *Apostichopus japonicus*. Animal Behaviour, 133: 223-228.

Shen P P, Tan Y H, Huang L M. 2010. Occurrence of brackish water phytoplankton species at a closed coral reef in Nansha Islands, South China Sea. Marine Pollution Bulletin, 60: 1718-1725.

Smith S V. 1978. Coral-reef area and the contributions of reefs to processes and resources of the world's oceans. Nature, 273(5659): 225-226.

Soliman T, Reimer J D, Kawamura I, et al. 2017. Description of the juvenile form of the sea cucumber *Thelenota* anax H.L. Clark, 1921. Marine Biodiversity: 1-8.

Stier A C, Leray M. 2014. Predators alter community organization of coral reef cryptofauna and reduce abundance of coral mutualists. Coral Reefs, 33(1): 181-191.

Stoddart D R. 2008. Ecology and morphology of recent coral reefs. Biological Reviews, 44(4): 433-498.

Van M L. 2008. Reflections on community based coastal resources management (CB-CRM) in the Philippines and South-East Asia. Oxfam Policy & Practice Agriculture, 8(11): 5-15.

Veron J E N, Stafford-smith M. 2000. Coral of the world. Cape Ferguson: Australian Institute of Marine Science.

Wefer G. 1980. Carbonate production by algae *Halimeda*, *Penicillus* and *Padina*. Nature, 285(5763): 323.

Wetzer R, Martin J W, Trautwein S E. 2003. Phylogenetic relationships within the coral crab genus *Carpilius* (Brachyura, Xanthoidea, Carpiliidae) and of the Carpiliidae to other xanthoid crab families based on molecular sequence data. Molecular Phylogenetics and Evolution, 27(3): 410-421.

Wilkinson C. 2000. Status of coral reefs of the world, 2000. Queensland: Australia Institute of Marine Science: 1-7.

Wilson S K, Graham N A J, Pratchett M S, et al. 2006. Multiple disturbances and the global degradation of coral reefs: Are reef fishes at risk or resilient? Global Change Biology, 12(11): 2220-2234.